SICHUANSHENG GONGCHENG JIANSHE BIAOZHUN SHEJI

四川省工程建设标准设计

装配式波形钢网增强轻质保温外墙板构造图集

四川省建筑标准设计办公室

图集号 川2018G129-TJ

西南交通大学出版社
·成 都·

图书在版编目（CIP）数据

装配式波形钢网增强轻质保温外墙板构造图集 / 四川省建筑科学研究院，四川鸥克建材科技有限公司主编. —成都：西南交通大学出版社，2018.6
ISBN 978-7-5643-6180-8

Ⅰ. ①装… Ⅱ. ①四… ②四… Ⅲ. ①墙－保温板－钢板－增强材料－轻质构造－图集 Ⅳ. ①TU511.3-64

中国版本图书馆 CIP 数据核字（2018）第 100045 号

责任编辑　杨　勇
封面设计　何东琳设计工作室

装配式波形钢网增强轻质保温外墙板构造图集

主编　四川省建筑科学研究院
　　　四川鸥克建材科技有限公司

出版发行	西南交通大学出版社 （四川省成都市二环路北一段 111 号 西南交通大学创新大厦 21 楼）
发行部电话	028-87600564　028-87600533
邮政编码	610031
网址	http://www.xnjdcbs.com
印刷	四川煤田地质制图印刷厂
成品尺寸	260 mm × 185 mm
印张	3
字数	70 千
版次	2018 年 6 月第 1 版
印次	2018 年 6 月第 1 次
书号	ISBN 978-7-5643-6180-8
定价	38.00 元

四川省住房和城乡建设厅

川建标发〔2018〕256号

四川省住房和城乡建设厅关于发布《装配式波形钢网增强轻质保温外墙板构造图集》为省标推荐图集的通知

各市（州）及扩权试点县（市）住房城乡建设行政主管部门：

由四川省建筑标准设计办公室组织、四川省建筑科学研究院和四川鸥克建材科技有限公司主编的《装配式波形钢网增强轻质保温外墙板构造图集》，经审查通过，现批准为四川省建筑标准设计推荐图集，图集编号为川2018G129-TJ，自2018年5月15日起施行。

该图集由四川省住房和城乡建设厅负责管理，四川省建筑科学研究院负责具体解释工作，四川省建筑标准设计办公室负责出版、发行工作。

特此通知。

四川省住房和城乡建设厅

2018年3月13日

《装配式波形钢网增强轻质保温外墙板构造图集》

编审人员名单

主 编 单 位 四川省建筑科学研究院
四川鸥克建材科技有限公司

参 编 单 位 四川省建筑工程质量检测中心
德昌县长河建材有限公司
陕西中凯建材有限公司
陕西鸥克建材科技有限公司

编制组组长 肖承波

编制组成员 吴 体 黎 力 许迪茗 甘立刚 高永昭 党清泉
许恒珲 徐时钧 江华义 李万奎 晏 磊 袁 建

审查组组长 隗 萍

审查组成员 李碧雄 金晓西 高庆龙 陈 华

装配式波形钢网增强轻质保温外墙板构造图集

批准部门： 四川省住房和城乡建设厅

主编单位： 四川省建筑科学研究院
四川鸥克建材科技有限公司

参编单位： 四川省建筑工程质量检测中心
德昌县长河建材有限公司
陕西中凯建材有限公司
陕西鸥克建材科技有限公司

批准文号： 川建标发〔2018〕256号

图 集 号： 川2018G129-TJ

实施日期： 2018年5月15日

主编单位负责人：

主编单位技术负责人：

技 术 审 定 人：

设 计 负 责 人：

目 录

序号	图名	页号
1.	总说明	2~5
2.	外墙条板排列示意	6
3.	外墙立面布置示意	7
4.	钢结构房屋外墙平面示例（墙体外挂式）	8
5.	钢结构房屋外墙平面示例（墙体嵌入式）	9
6.	钢筋混凝土结构房屋外墙平面示例	10
7.	钢结构房屋外墙节点连接大样（墙体外挂式）	11、12
8.	钢结构房屋外墙与柱连接立面布置图（墙体外挂式）	13、14
9.	钢结构房屋外墙与梁、板连接立面布置图（墙体外挂式）	15、16
10.	钢结构房屋外墙节点连接大样（墙体嵌入式）	17~20
11.	钢结构房屋外墙与柱连接立面布置图（墙体嵌入式）	21、22
12.	钢结构房屋外墙与梁连接立面布置图（墙体嵌入式）	23、24
13.	钢结构房屋外墙构造柱、腰梁连接大样	25
14.	钢结构房屋外墙与梁连接钢凳大样（墙体外挂式）	26
15.	钢结构房屋外墙与梁连接钢凳大样（墙体嵌入式）	27
16.	钢筋混凝土结构房屋外墙节点连接大样	28~31
17.	钢筋混凝土结构房屋外墙与柱连接立面布置图	32
18.	钢筋混凝土结构房屋外墙与梁连接立面布置图	33
19.	钢筋混凝土结构房屋外墙构造柱与梁连接大样	34
20.	钢筋混凝土结构房屋外墙腰梁与柱连接大样	35
21.	钢筋混凝土结构预埋件大样	36
22.	外墙与构造柱连接大样	37
23.	外墙与腰梁连接大样	38
24.	墙体缝隙防水构造大样	39

总说明

1 编制概况

本图集根据四川省住房和城乡建设厅“关于同意编制《装配式波形钢网增强轻质保温外墙板构造图集》省标推荐图集的批复”（川建标发〔2017〕667号）立项编制。主编单位为四川省建筑科学研究院和四川鸥克建材科技有限公司，参编单位为四川省建筑工程质量检测中心、德昌县长河建材有限公司、陕西中凯建材有限公司、陕西鸥克建材科技有限公司。

2 主要内容及适用范围

2.1 本图集适用于四川行政区域内丙类及以下抗震设防的三层及以下，房屋总高度不超过15m的钢结构和钢筋混凝土结构民用建筑外墙板的安装。对有特殊要求的其他建筑按相关标准执行。

2.2 本图集外墙板以波形镀锌钢丝网为主要增强材料，内外层采用抗碱玻璃纤维网格布为抗裂材料，普通硅酸盐水泥为胶凝材料，粉煤灰、发泡聚苯乙烯颗粒等为主要填充原材料，经浇注成型、蒸汽或自然养护制成的“保温围护结构一体化轻质外墙板”。

2.3 本图集120mm、150mm厚规格的外墙板适用于房屋的单层墙；90mm厚规格的外墙板适用于房屋双层（90mm+90mm）墙。墙板宽度均为600mm，墙板标准长度为2800mm、3000mm。单层墙可采用嵌入或外挂墙板两种安装方式，双层墙应采用嵌入墙板的安装方式。夹芯墙可参照双层墙实施。

2.4 6、7度时，钢结构房屋可采用嵌入或外挂墙板的安装方式，8度及以上时，应采用嵌入墙板的安装方式。钢筋混凝土结构房屋应采用嵌入墙板的安装方式。

3 主要设计依据

3.1 设计依据

（1）《建筑轻质条板隔墙技术规程》JGJ/T 157-2014

（2）《非结构构件抗震设计规范》JGJ 339-2015

（3）《民用建筑热工设计规范》GB 50176-2016

（4）《公共建筑节能设计标准》 GB 50189-2015

（5）《外墙外保温工程技术规程》JGJ 144-2004

（6）《外墙内保温工程技术规程》JGJ/T 261-2011

（7）《四川省居住建筑节能设计标准》DB 51/5027-2012

（8）《建筑设计防火规范》GB 50016-2014

（9）四川鸥克建材科技有限公司企业标准《装配式波形钢网增强轻质保温板》Q/9151011359997701X7•1—2017

3.2 参考设计依据

（1）《建筑外墙用铝蜂窝复合板》JG/T 334-2012

（2）《外墙用非承重纤维增强水泥板》JG/T 396-2012

（3）《乡村建筑外墙板应用技术规程》CECS 302: 2011

（4）《硫铝酸盐水泥基发泡保温板外墙外保温工程技术规程》CECS 379: 2014

（5）《保温装饰复合板外墙外保温工程技术规程》DB21/T1844-2010

（6）《预制混凝土夹心保温外墙板应用技术规程》DG/TJ 08-2158-2015

（7）《五防轻体隔墙板安装图集》DBJT20-32

4 墙板性能要求

4.1 墙板外观及性能应符合《装配式波形钢网增强轻质保温板》Q/9151011359997701X7•1—2017的要求。

4.2 墙板轻骨料混凝土抗压强度等级不低于LC4.0。

4.3 墙板的外观质量应符合表4.3的要求。

4.4 墙板的尺寸允许偏差应符合表4.4的要求。

4.5 墙板的各项物理力学性能指标符合表4.5的要求。

表4.3 外观质量

项 目	指 标	备 注
板面露筋，飞边毛刺	无	/
面板的横向、纵向贯通裂纹	无	/
蜂窝气孔（长径：5mm～30mm）	≤3 处/板	低于下限值不计，超过上限值不合格
缺棱掉角（长×宽：(20mm～30mm)×(10mm～25mm)）	≤2 处/板	

表4.4 墙板的尺寸允许偏差（mm）

项　目	指　标
长度	±5
宽度	±2
厚度	±1
板表面平整度	≤2
对角线差	≤6
侧向弯曲	≤L/1000

表4.5 物理力学性能

项　目		指　标		
		90mm	120mm	150mm
面密度 kg/m^2		≤90	≤120	≤150
空气声隔声量 dB		≥35	≥40	≥45
传热系数 $W/(m^2·K)$		≤2.0	≤1.5	≤1.2
抗冻性	温和地区	15次冻融循环	表面无裂纹、空鼓、起泡、剥离现象，质量损失不超过2%	
	夏热冬冷地区	25次冻融循环		
	寒冷地区	35次冻融循环		
	严寒地区	50次冻融循环		
抗弯破坏荷载，板自重倍数		≥4.0		
抗弯强度，MPa		≥5.0		
抗冲击性，次		≥15		
耐火极限， h		≥3.0		
含水率，%		≤8		
吊挂力，kN		≥1.0		
干燥收缩值，mm/m		≤0.60		
软化系数		≥0.80		
放射性	I_{Ra}	≤1.0		
	I_r	≤1.0		

4.6 墙板的保温、隔热和防潮性能应符合现行国家标准《民用建筑热工设计规范》GB 50176以及国家和四川省现行有关建筑节能设计标准的规定。

4.7 墙板的隔声性能应符合现行国家标准《民用建筑隔声设计规范》GB 50118的规定。

5 连接材料性能要求

5.1 钢板、型钢、扁钢和钢管应采用Q235或Q345钢材，钢材应有抗拉强度、屈服强度、伸长率和碳、硫、磷含量等合格证书。螺栓可采用5.6级普通螺栓，其抗拉强度设计值不小于$210N/mm^2$，抗剪强度设计值不小于$190N/mm^2$。

5.2 在原混凝土构件中采用钻孔植筋锚固时，锚固用胶粘剂必须使用改性环氧类或改性乙烯基酯类胶粘剂，宜选用A级胶，应满足《工程结构加固材料安全鉴定技术规范》GB 50728-2011第4.2.2条要求。

5.3 连接用焊条：E43型用于HPB300级、Q235级钢焊接，E50型用于HRB335级、HRB400级、Q345级钢焊接。

5.4 墙板预留的伸缩缝、与主体结构间的间隙填充采用的聚苯乙烯泡沫条应满足防水性能要求。

5.5 墙板间的拼接缝采用专用粘结砂浆填充挤压密实，专用粘结砂浆可由水泥、细砂以及改性环氧类、改性丙烯酸酯类、改性丁苯类或改性氯丁类聚合物等按照一定比例配置而成，其性能指标应满足：抗压强度(MPa)≥10.0，粘接强度(MPa)≥0.7。

5.6 墙板间的拼接缝处和伸缩缝处墙面采用专用粘结砂浆粘贴耐碱玻璃纤维网布，耐碱玻璃纤维网布性能指标应满足表5.6的要求。

5.7 防水涂料可选用有机和无机防水涂料，其技术性能应符合国家规范规定的要求。

5.8 保温系统防火性能应符合现行国家标准《建筑设计防火规范》GB 50016以及国家和四川省现行有关标准的规定。

表5.6　耐碱玻璃纤维网布性能指标

氧化锆含量(%)	氧化钛含量(%)	单位面积质量(g/m²)	拉伸断裂强力(N/50mm)		可燃物含量(%)	拉伸断裂强力保留值(%)
			经向	纬向		
≥16	≥6.0	≥160	≥1200	≥1200	≥12	≥75

6　基本规定

6.1 墙板安装长度：6度、7度、8度（0.2g）时不得大于6m， 8度（0.3g）和9度时不得大于4.8m。墙长超过上述限值时应在墙体中部增设构造柱，构造柱间距：6度、7度、8度（0.2g）时不得大于4.2m， 8度（0.3g）和9度时不得大于3.6m。对无框架柱的内墙与外墙交接处、外墙转角处和独立墙段中部均宜设置构造柱。

6.2 墙板安装的最大层高或净高应符合本图集第6页表1的相关规定，超过时应设腰梁。

6.2.1 6度、7度时，嵌入式安装允许接板1次，且接缝处（水平接缝）应错位（竖向）不小于300mm。

6.2.2 8度和9度时，嵌入式安装不允许接板，净高大于2.8m时应增设腰梁。

6.2.3 外挂式安装不允许接板，层高大于2.8m时应增设腰梁。

6.3 双层墙板内外侧条板接缝（竖向接缝）应错位（水平）不小于200mm。

6.4 连接钢板、连接角钢或成品卡件与原结构间采用锚栓或焊缝连接，焊脚尺寸均为4mm，焊缝总长度不小于80mm，焊缝的质量等级均为三级。

6.5 外墙板系统热桥部位内表面温度不应低于室内空气在设计温度、湿度条件下的露点温度，必要时应进行保温处理。

6.6 墙板间的拼接缝处和伸缩缝处粘贴的耐碱玻璃纤维网布上应涂抹防水涂料；水泥基防水涂料厚度宜为1.5mm~2.0mm、有机防水涂料根据材料性能厚度宜为1.2mm~2.0mm；伸缩缝处防水构造详大样。

6.7 墙板中埋设线管应进行专项设计。

6.8 安装完成后所有的外露铁件均应采取防锈措施；钢结构的防火应满足《建筑设计防火规范》GB 50016的相关要求。

6.9 墙体的保温工程与装修工程宜进行一体化设计。

7　安装要点

7.1 根据施工图先作出排板图，准备所需板材，并将板材及所需辅料运送至施工现场，辅料包括：螺栓、连接钢板及角钢、扒钉、玻璃纤维网格布、专用粘结砂浆等。

7.2 安装前应对墙板进行检查，凡外形尺寸超过允许偏差或有严重缺陷的不合格产品不得使用。

7.3 施工顺序

钢结构（外挂式）：放线—裁板-固定连接钢板（或角钢）—安装墙板—墙板接缝处抹专用粘结砂浆—螺栓连接—扒钉连接—板缝补强—就位门窗—连接固定—周边补强—墙板检查、校正—聚苯乙烯泡沫条填塞水平和竖向伸缩缝—喷（抹）砂浆—外墙饰面。

钢结构（嵌入式）：放线—裁板-固定连接钢板（或角钢）—安装墙板—墙板接缝处抹专用粘结砂浆—扒钉连接—板缝补强—就位门窗—连接固定—周边补强—墙板检查、校正—喷（抹）砂浆—外墙饰面。

钢筋混凝土结构（嵌入式）：放线—裁板-固定锚栓及连接钢板（或角钢）—焊接连接钢板—安装墙板—墙板接缝处抹专用粘结砂浆—扒钉连接—板缝补强—就位门窗—连接固定—周边补强—墙板检查、校正—喷（抹）砂浆—外墙饰面。

7.4 保温材料与墙板交接处应采用耐碱玻纤网或热镀锌钢丝网增强保温系统的整体性。

7.5 在保温层端部位置应采用耐碱网格布翻包工艺处理。

7.6 墙板安装质量控制

（1）墙板与主体结构及门窗框等构件的连接必须牢固。

（2）墙板安装尺寸偏差，应满足现行国家标准《建筑工程施工质量验收统一标准》GB 50300、《建筑装饰装修工程质量验收规范》GB 50210、《建筑轻质条板隔墙技术规程》JGJ/T 157的相关要求。

(3) 应对安装用的锚栓和锚筋抗拔性能进行现场抽测。

8 运输及贮存

8.1 在装卸及运输过程中应轻放，严禁抛掷，碰撞和重压，并防止板边损失。

8.2 贮存时应按规格型号分类侧立放于平地，避免长时间雨淋和曝晒，防止钢网生锈影响板材质量。

9 其他

9.1 本图集所标注尺寸均以毫米为单位。

9.2 本图集的单个详图索引方法如下：

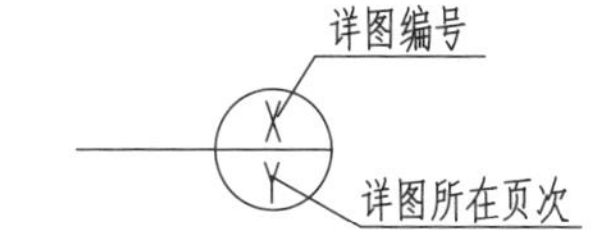

10 规格表

各连接件规格及其间距选用表见表10。

11 外墙在使用过程中应正常维护。其余未注明事项应按现行标准执行。

表10 各连接件规格及其间距选用表

项目			抗震设防烈度					
			6度	7度（0.1g）	7度（0.15g）	8度（0.20g）	8度（0.30g）	9度
外墙形式	外挂式	连接钢板	-80×80×5		-100×100×5	＼	＼	
		连接角钢	L50×32×4		L63×40×4	＼	＼	
		构造柱、腰梁	矩100×100×8	矩100×100×8	矩100×100×8	＼	＼	
	嵌入式	连接钢板	-80×60×5		-90×70×5	-100×80×5	-120×100×5	
		连接角钢	L50×32×4		L63×40×4	L75×50×5	L100×63×6	
		连接底板1	-250×120×5		-250×130×5	-250×140×5	-250×160×5	
		连接底板2	-梁宽×160×5					
		间隙	25mm				35mm	
		构造柱、腰梁	矩100×100×8	矩100×100×8	矩100×100×8	矩100×100×8	矩100×100×8	矩100×100×8
连接钢板（连接角钢）竖向间距			1000mm	800mm	600mm	500mm	400mm	
扒钉竖向间距			800mm		600mm	500mm	400mm	
扒钉水平间距			300mm			/		

注：1. 连接件可根据连接钢板或连接角钢的尺寸选用相应规格的卡件；
2. 表中未注明的连接件尺寸见各详图。
3. 构造柱及腰梁应采用Q345钢。

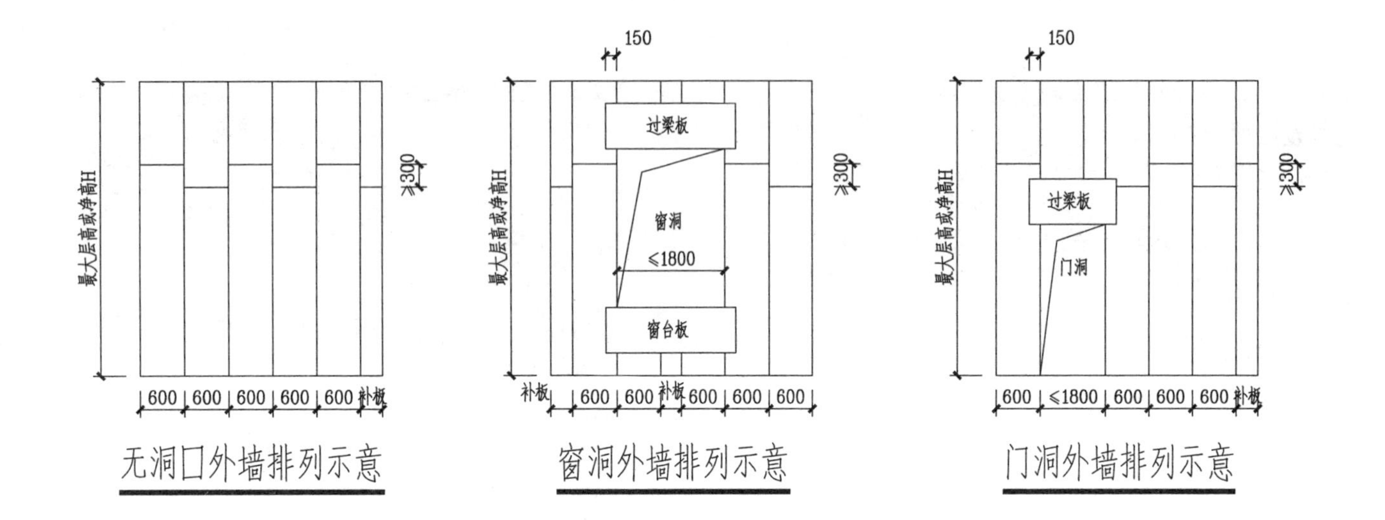

无洞口外墙排列示意　　窗洞外墙排列示意　　门洞外墙排列示意

表1　外墙板最大层高或净高H选用表　　（单位：mm）

外墙形式	墙板厚度	抗震设防烈度					
		6度	7度（0.1g）	7度（0.15g）	8度（0.20g）	8度（0.30g）	9度
外挂式	120	4200	4200	3900	/	/	/
	150	4500	4500	4200	/	/	/
嵌入式	90+90	3300	3300	3300	2800	2800	2800
	120	4200	4200	3900	2800	2800	2800
	150	4500	4500	4200	2800	2800	2800

注：6度、7度时嵌入式安装允许接板1次；外挂式安装和8度、9度时嵌入式安装不允许接板。层高或净高H大于表中限值时应增设腰梁。

外墙条板排列示意	图集号	川2018G129-TJ
审核 肖承波　校对 黎力　设计 甘立刚	页	6

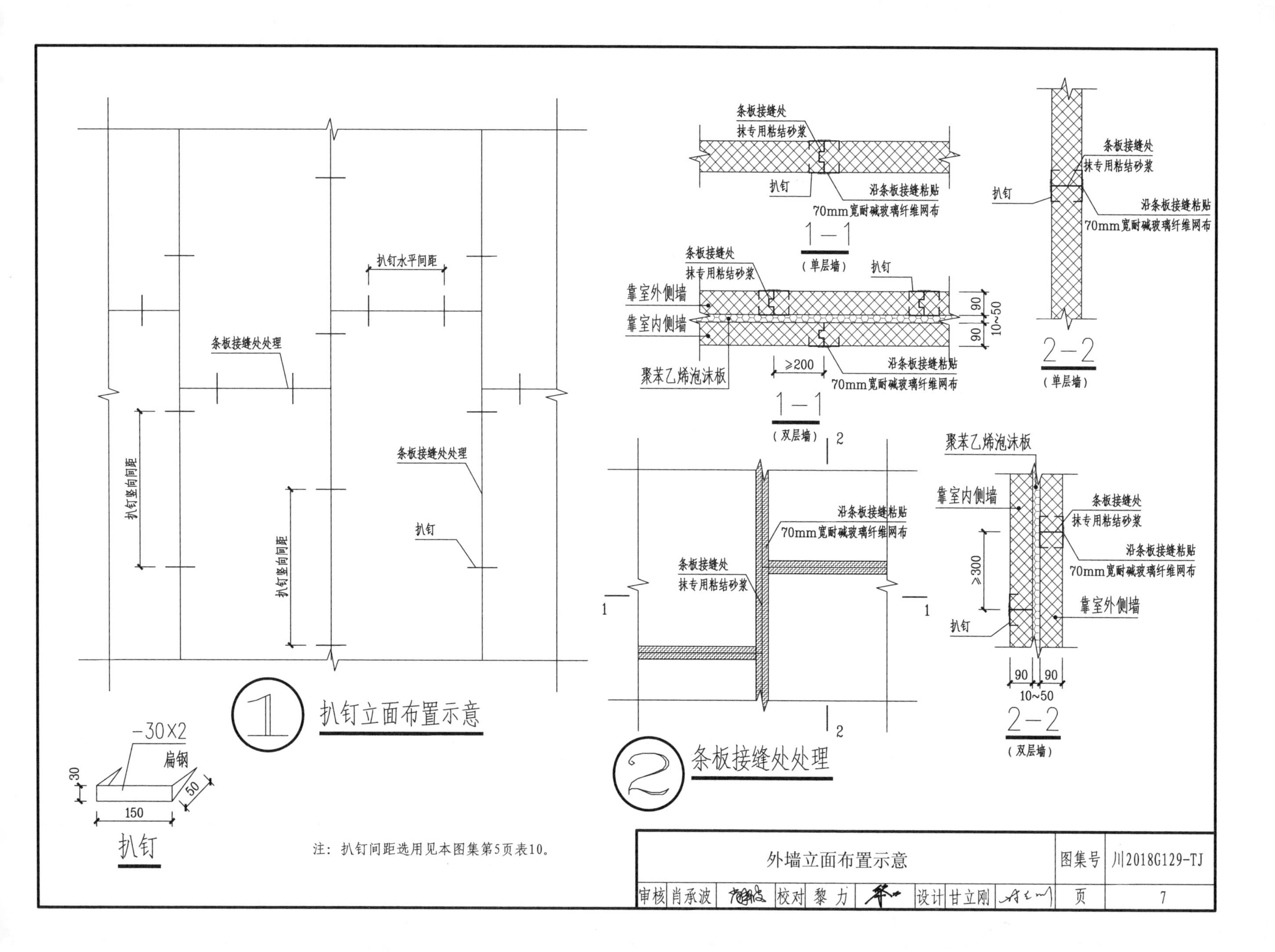

扒钉水平间距
条板接缝处处理
扒钉竖向间距
条板接缝处处理
扒钉竖向间距
扒钉
扒钉立面布置示意
-30X2
扁钢
30
50
150
扒钉
注：扒钉间距选用见本图集第5页表10。
条板接缝处
抹专用粘结砂浆
扒钉
沿条板接缝粘贴
70mm宽耐碱玻璃纤维网布
1—1
（单层墙）
条板接缝处
抹专用粘结砂浆
扒钉
靠室外侧墙
靠室内侧墙
90
90
10~50
≥200
聚苯乙烯泡沫板
沿条板接缝粘贴
70mm宽耐碱玻璃纤维网布
1—1
（双层墙）
条板接缝处
抹专用粘结砂浆
扒钉
沿条板接缝粘贴
70mm宽耐碱玻璃纤维网布
2—2
（单层墙）
2
沿条板接缝粘贴
70mm宽耐碱玻璃纤维网布
条板接缝处
抹专用粘结砂浆
1
1
2
条板接缝处处理
聚苯乙烯泡沫板
靠室内侧墙
条板接缝处
抹专用粘结砂浆
沿条板接缝粘贴
70mm宽耐碱玻璃纤维网布
≥300
靠室外侧墙
扒钉
90
90
10~50
2—2
（双层墙）
外墙立面布置示意
图集号
川2018G129-TJ
审核
肖承波
校对
黎 力
设计
甘立刚
页
7

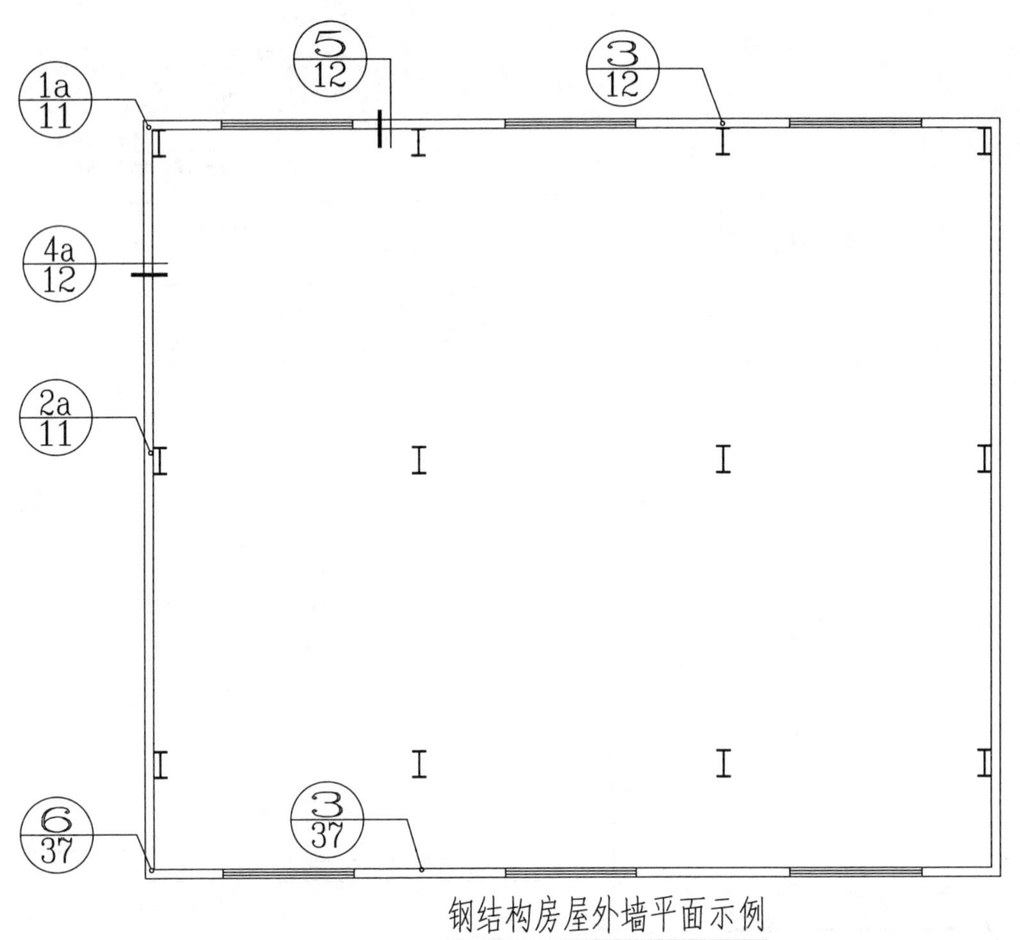

钢结构房屋外墙平面示例

（墙体外挂式）

钢结构房屋外墙平面示例（墙体外挂式）								图集号	川2018G129-TJ
审核	肖承波		校对	黎 力		设计	甘立刚	页	8

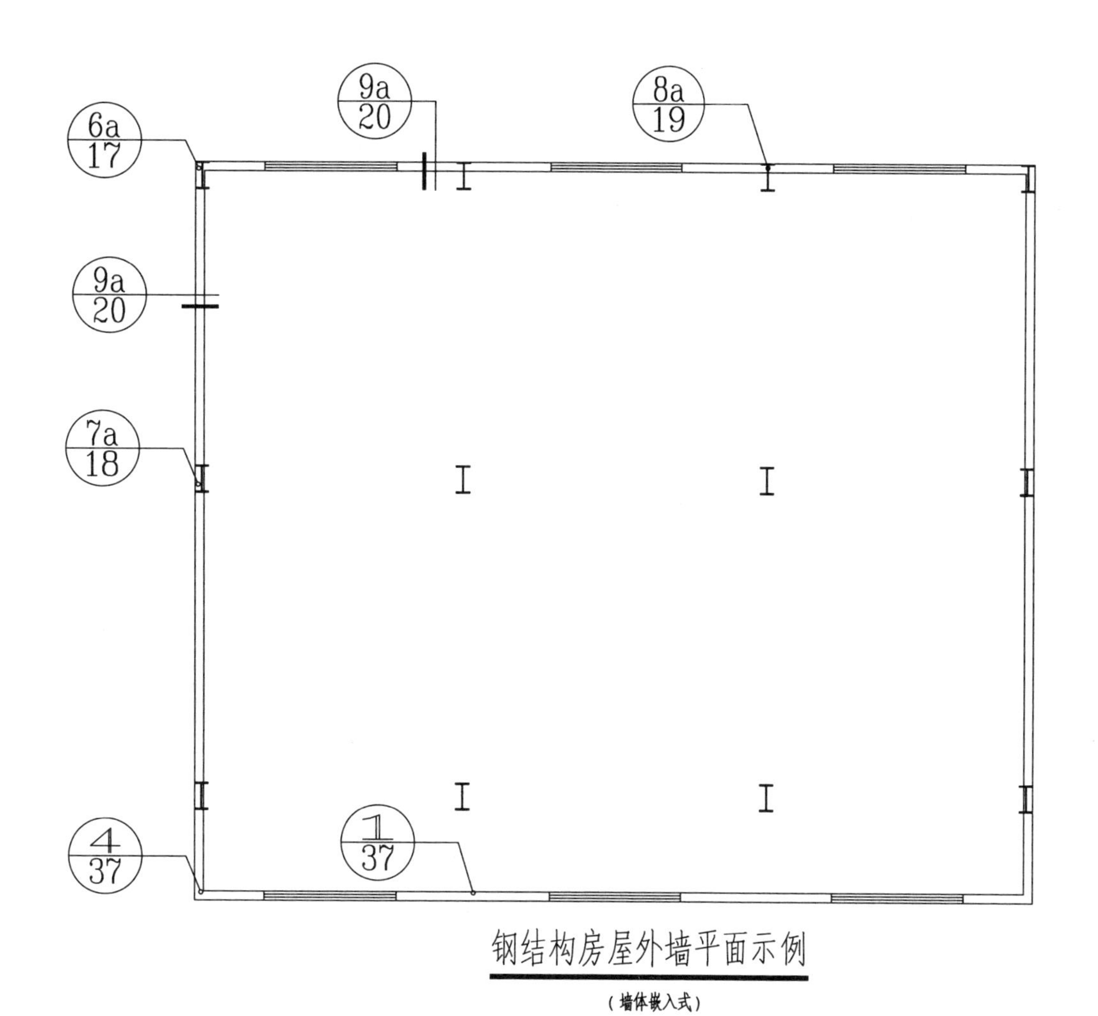

钢结构房屋外墙平面示例

（墙体嵌入式）

钢结构房屋外墙平面示例（墙体嵌入式）								图集号	川2018G129-TJ
审核	肖承波	[signature]	校对	黎 力	[signature]	设计	甘立刚	页	9

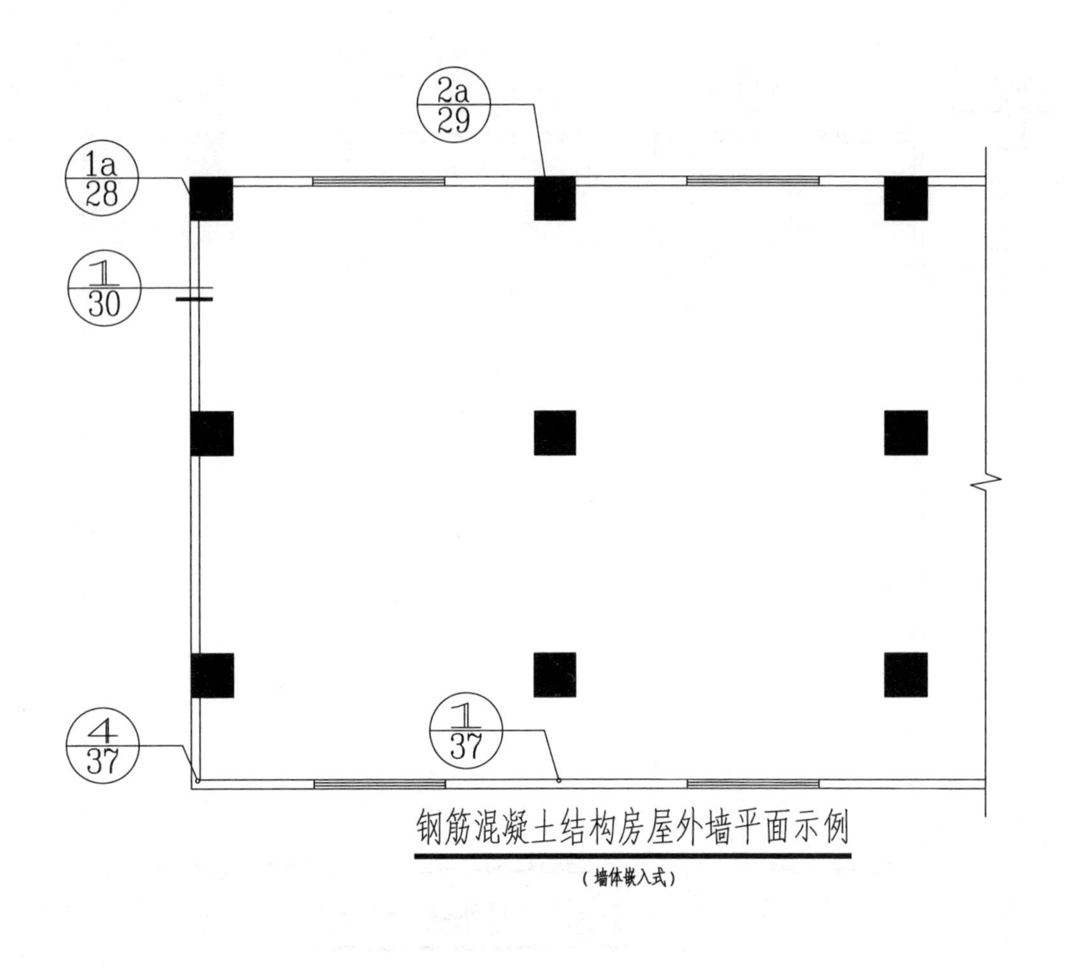

钢筋混凝土结构房屋外墙平面示例

（墙体嵌入式）

钢筋混凝土结构房屋外墙平面示例									图集号	川2018G129-TJ
审核	肖承波	[signature]	校对	黎 力	[signature]	设计	甘立刚	[signature]	页	10

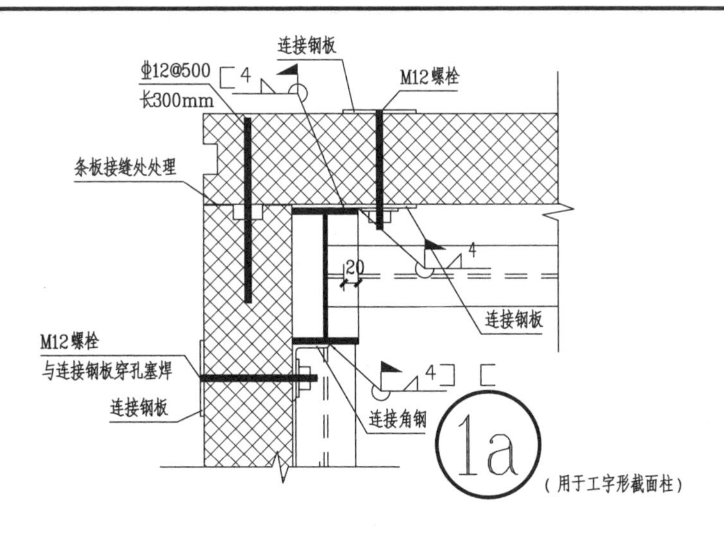

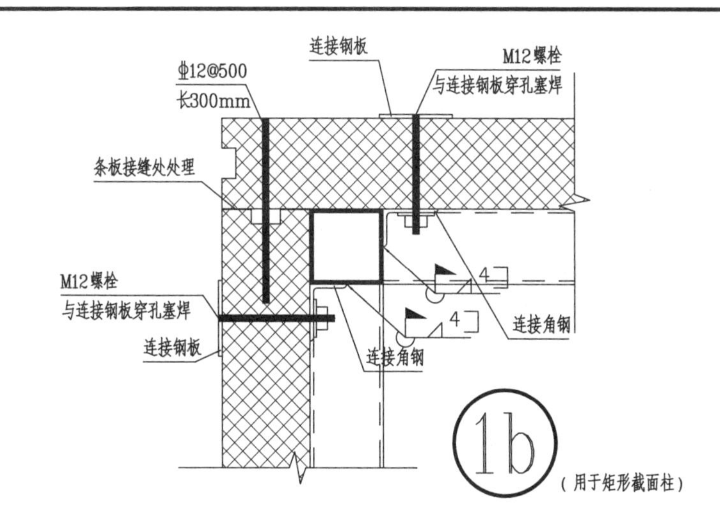

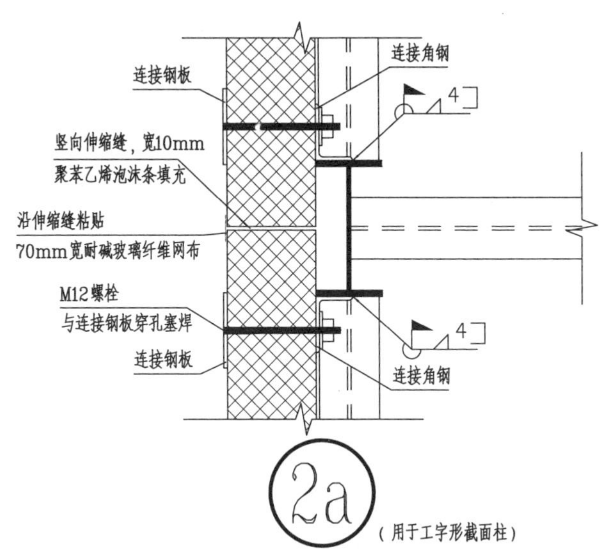

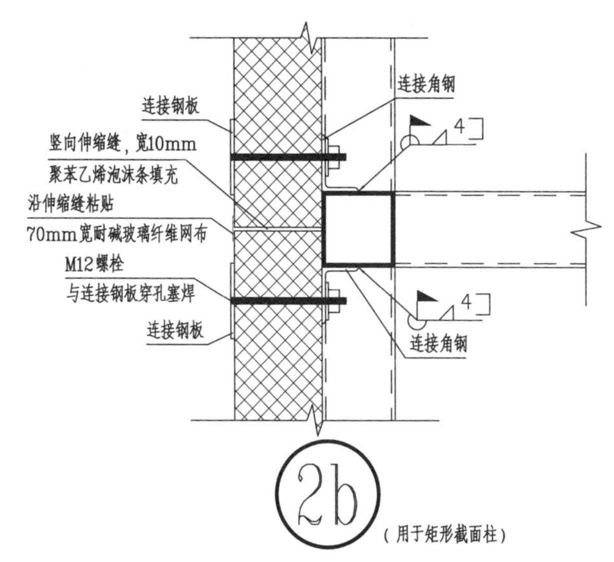

注：1. 内侧螺栓与连接角钢连接处可以采用穿孔塞焊。
2. 在楼层处设置水平伸缩缝1道，在结构柱或构造柱处设置竖向伸缩缝。

钢结构房屋外墙节点连接大样（墙体外挂式）								图集号	川2018G129-TJ
审核	肖承波		校对	黎 力		设计	甘立刚	页	11

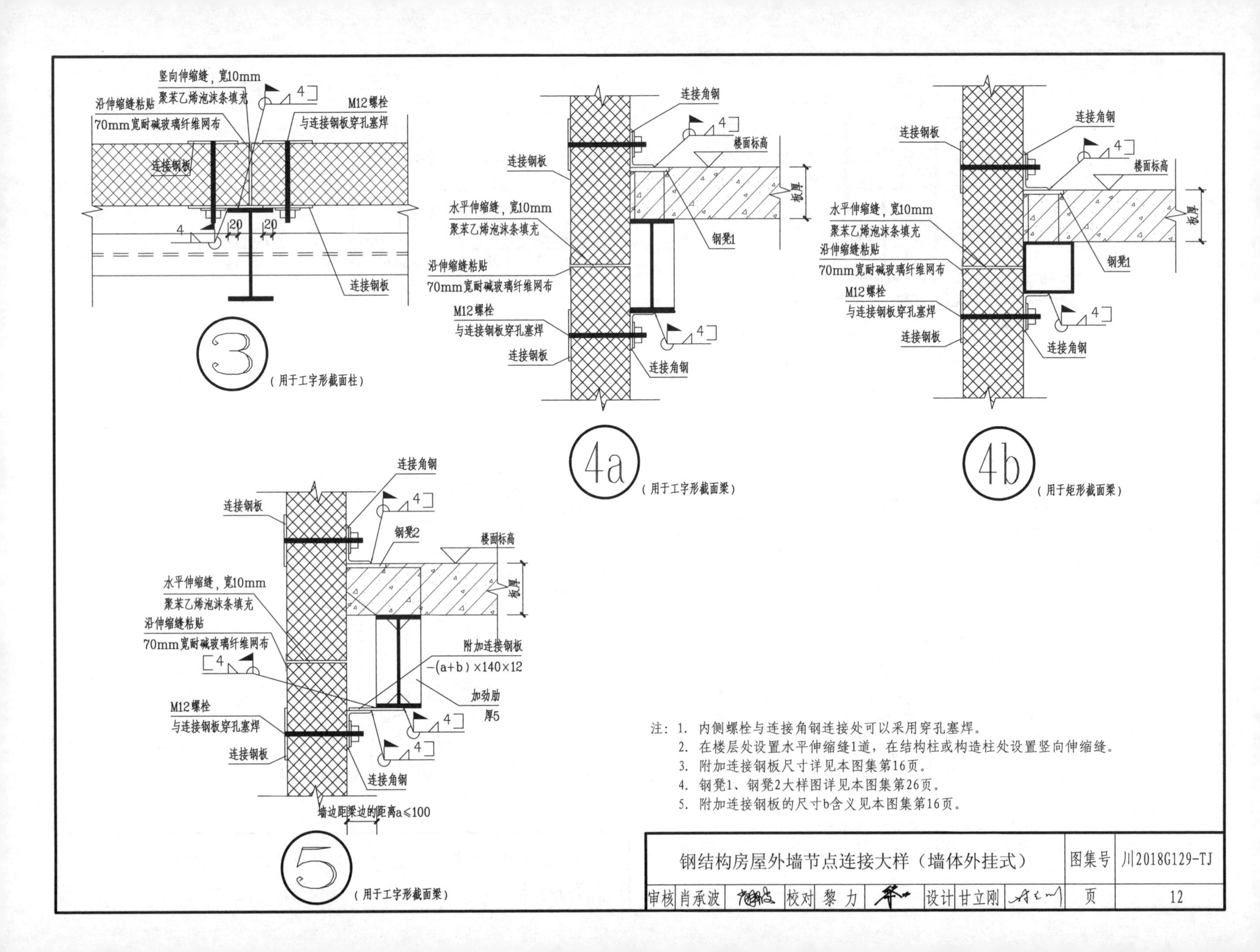

注：1. 内侧螺栓与连接角钢连接处可以采用穿孔塞焊。
2. 在楼层处设置水平伸缩缝1道，在结构柱或构造柱处设置竖向伸缩缝。
3. 附加连接钢板尺寸详见本图集第16页。
4. 钢凳1、钢凳2大样图详见本图集第26页。
5. 附加连接钢板的尺寸b含义见本图集第16页。

钢结构房屋外墙节点连接大样（墙体外挂式）						图集号	川2018G129-TJ
审核	肖承波	校对	黎 力	设计	甘立刚	页	12

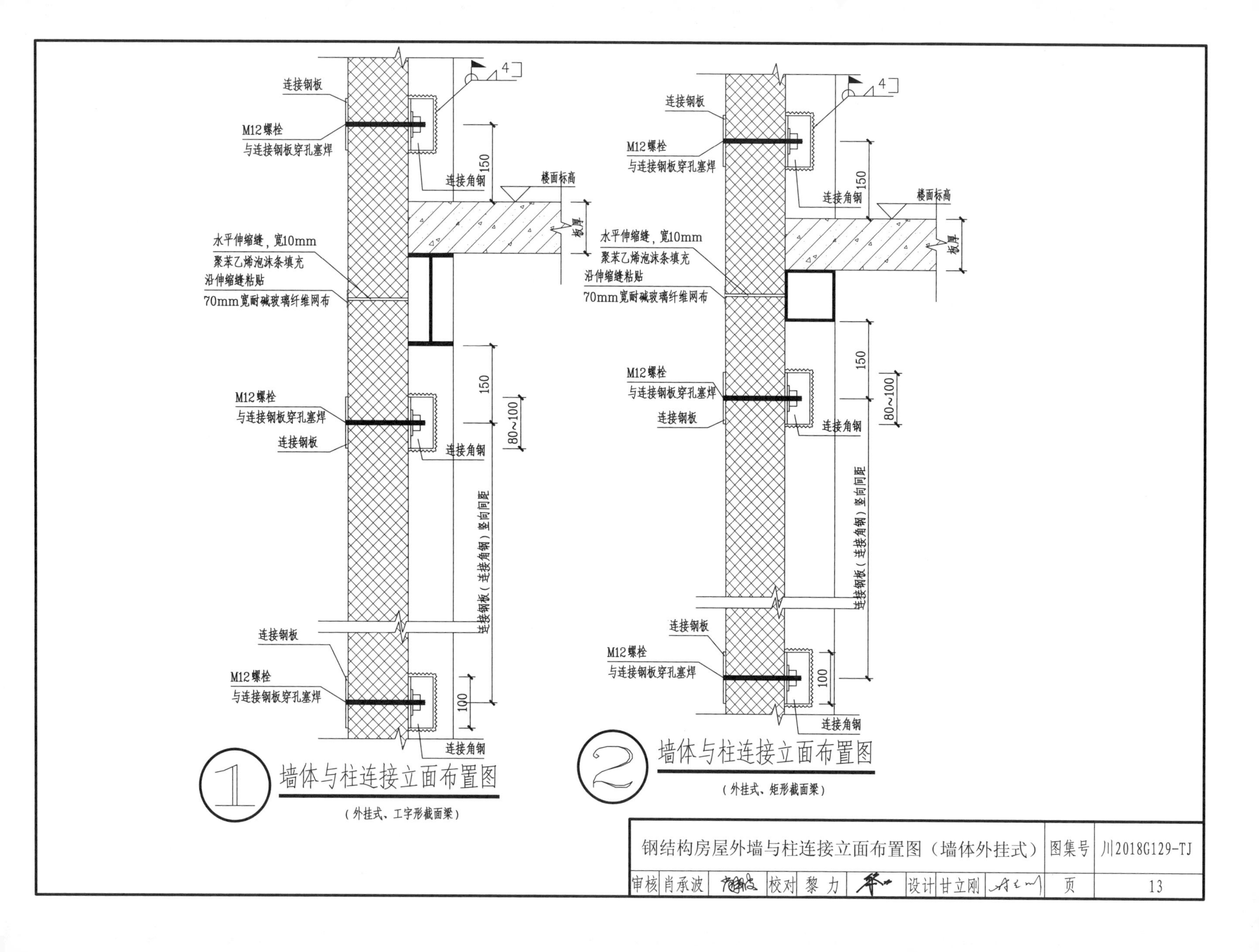

① 墙体与柱连接立面布置图

（外挂式、工字形截面梁）

② 墙体与柱连接立面布置图

（外挂式、矩形截面梁）

钢结构房屋外墙与柱连接立面布置图（墙体外挂式）						图集号	川2018G129-TJ
审核	肖承波	校对	黎 力	设计	甘立刚	页	13

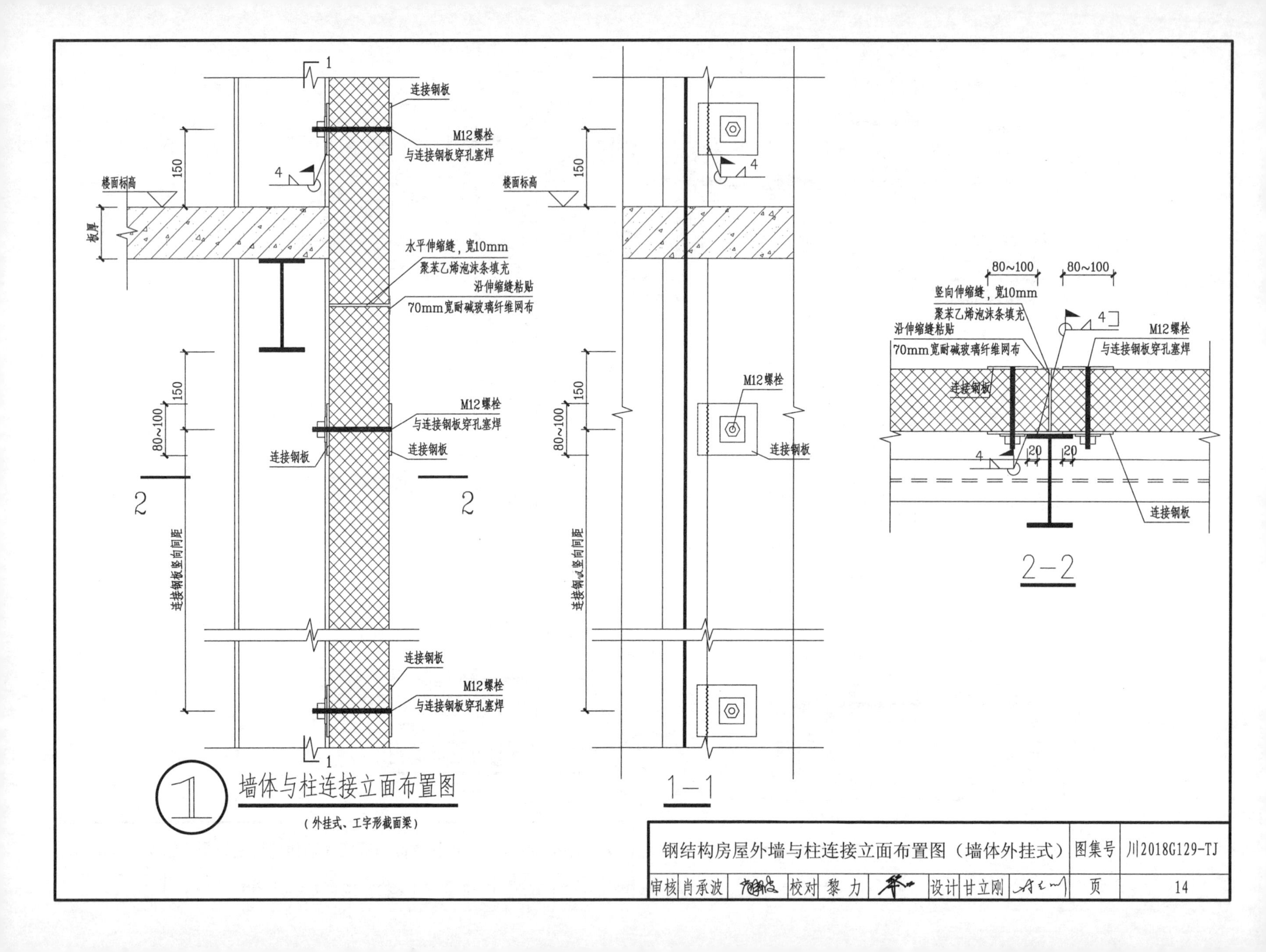

钢结构房屋外墙与柱连接立面布置图（墙体外挂式）						图集号	川2018G129-TJ
审核	肖承波	校对	黎 力	设计	甘立刚	页	14

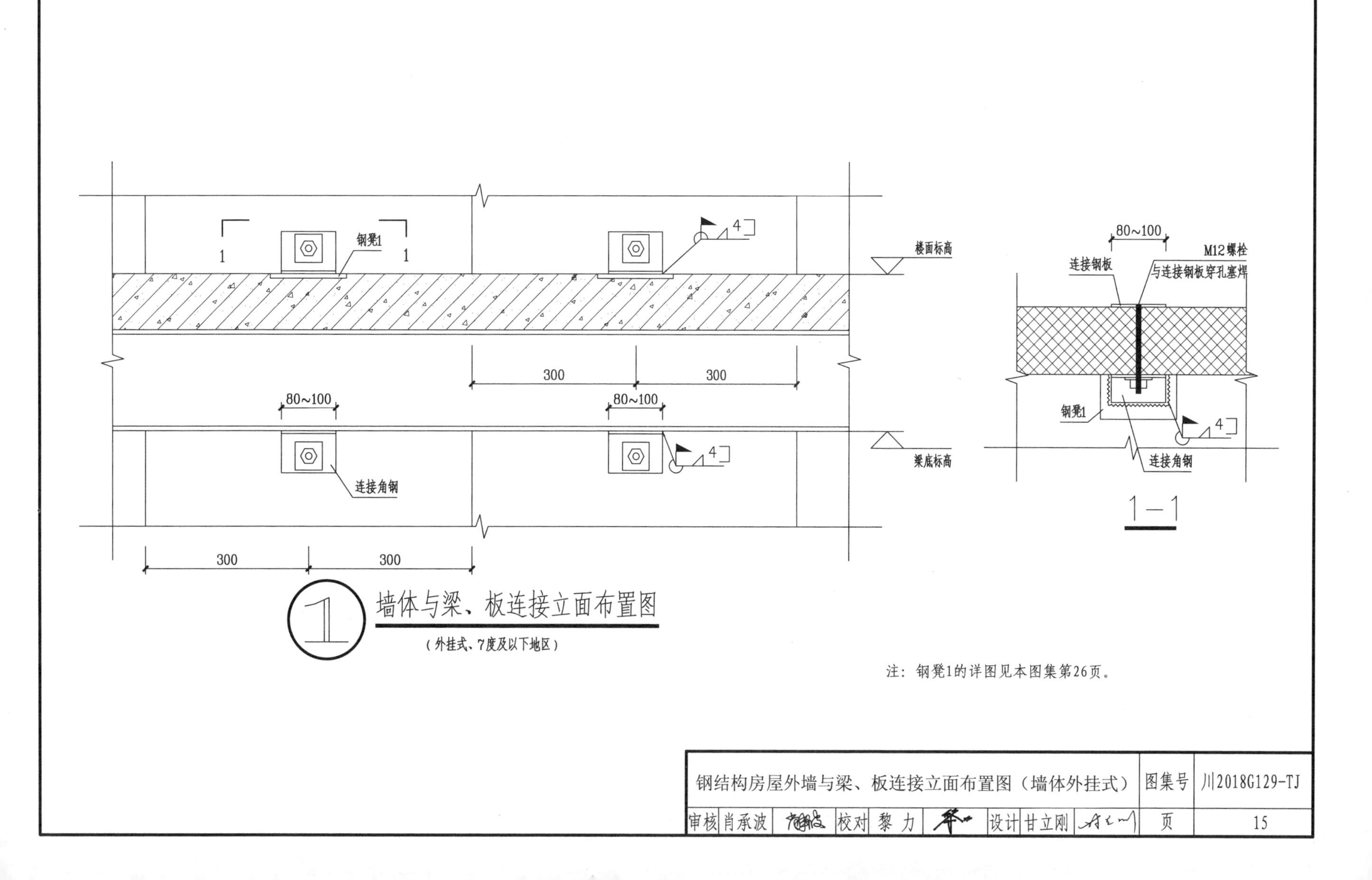

墙体与梁、板连接立面布置图

（外挂式、7度及以下地区）

注：钢凳1的详图见本图集第26页。

钢结构房屋外墙与梁、板连接立面布置图（墙体外挂式）							图集号	川2018G129-TJ
审核	肖承波		校对	黎 力		设计	甘立刚		页	15

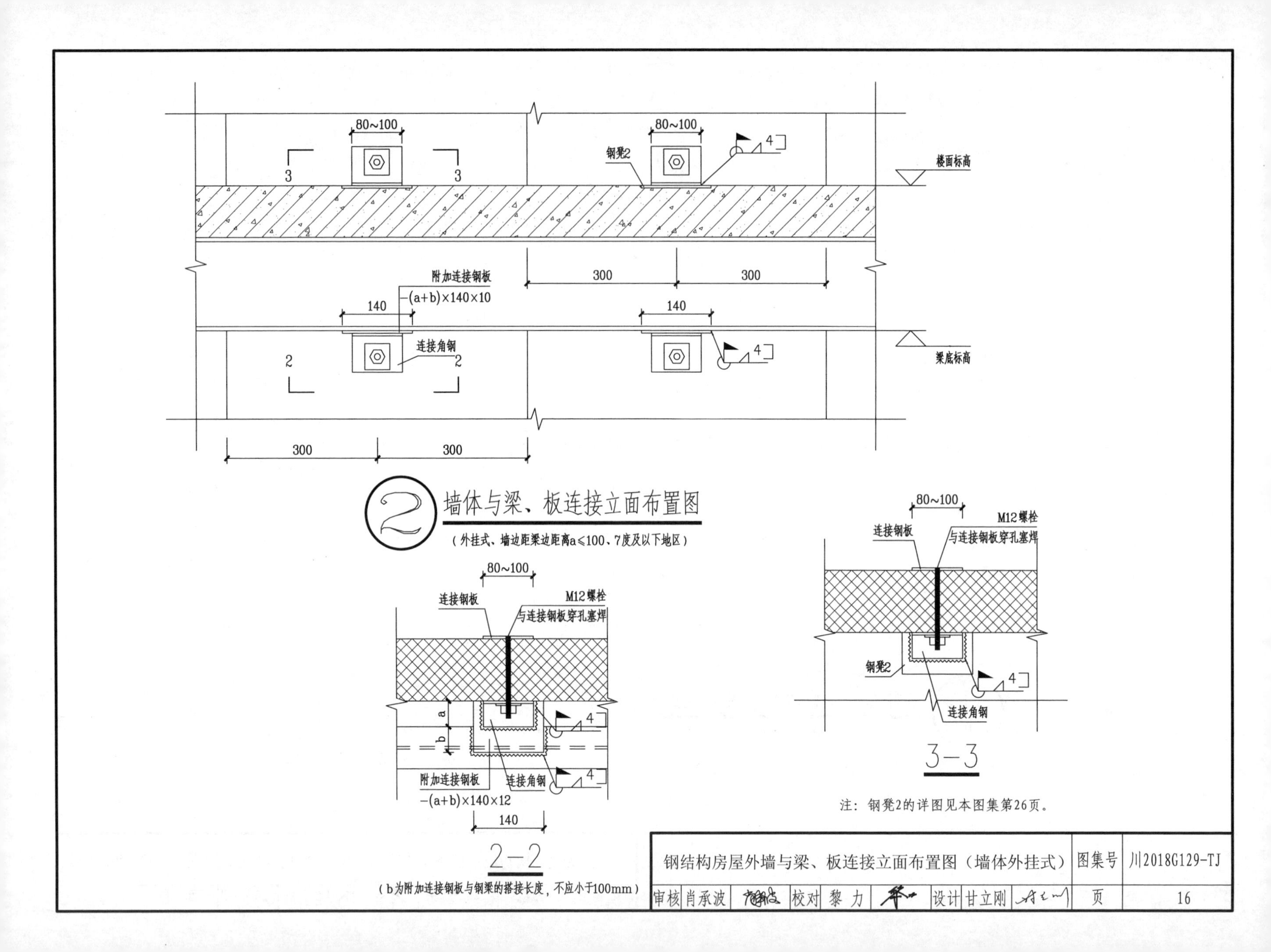

80~100
80~100
钢凳2
4
楼面标高
3
3
附加连接钢板
-(a+b)×140×10
300
300
140
140
连接角钢
4
梁底标高
2
2
300
300
墙体与梁、板连接立面布置图
（外挂式、墙边距梁边距离a≤100、7度及以下地区）
80~100
连接钢板
M12螺栓
与连接钢板穿孔塞焊
a
b
4
4
附加连接钢板
-(a+b)×140×12
连接角钢
140
2-2
（b为附加连接钢板与钢梁的搭接长度，不应小于100mm）
80~100
连接钢板
M12螺栓
与连接钢板穿孔塞焊
钢凳2
4
连接角钢
3-3
注：钢凳2的详图见本图集第26页。
钢结构房屋外墙与梁、板连接立面布置图（墙体外挂式）
图集号
川2018G129-TJ
审核
肖承波
校对
黎 力
设计
甘立刚
页
16

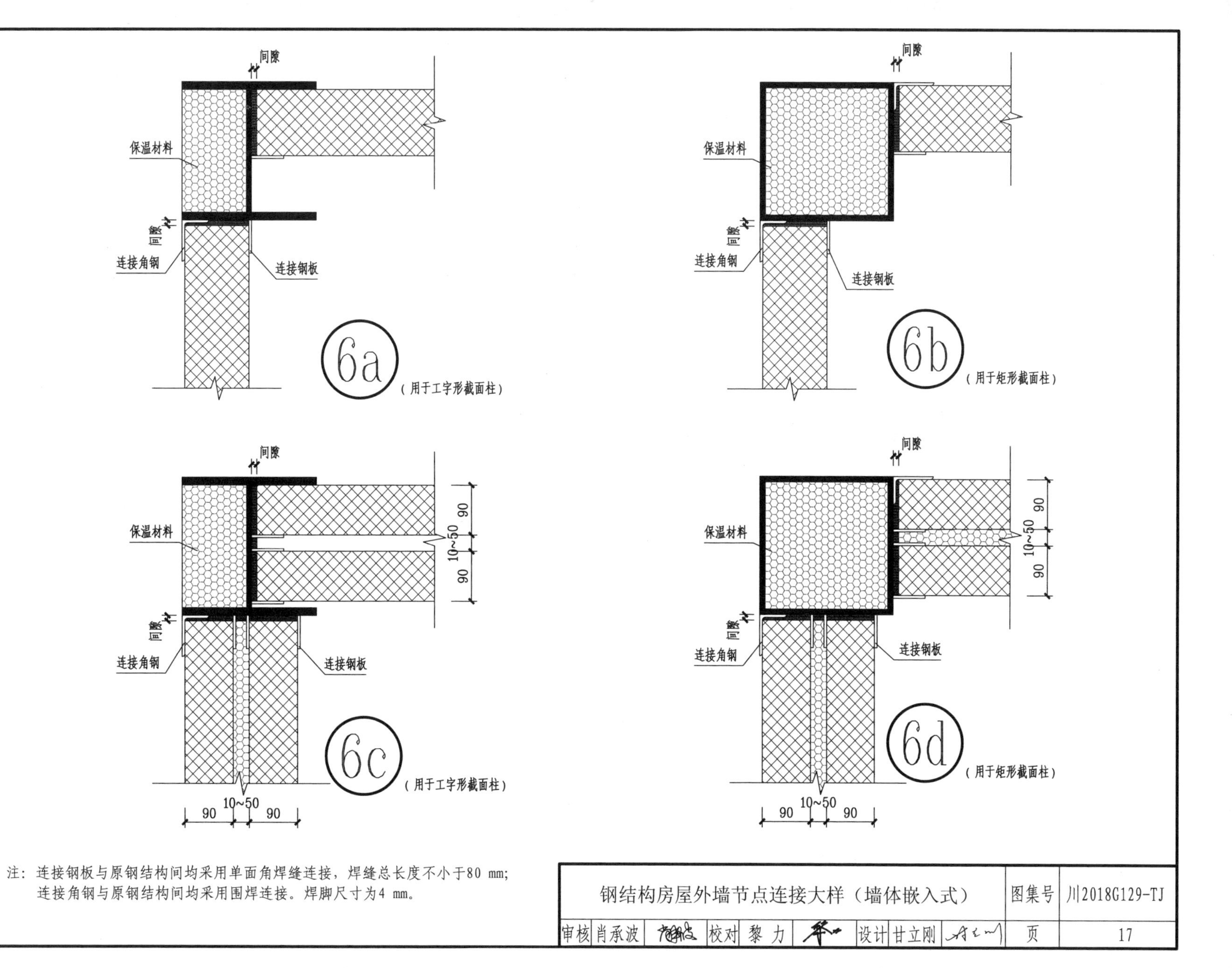

注：连接钢板与原钢结构间均采用单面角焊缝连接，焊缝总长度不小于80 mm；
连接角钢与原钢结构间均采用围焊连接。焊脚尺寸为4 mm。

钢结构房屋外墙节点连接大样（墙体嵌入式）								图集号	川2018G129-TJ
审核	肖承波	[signature]	校对	黎 力	[signature]	设计	甘立刚	页	17

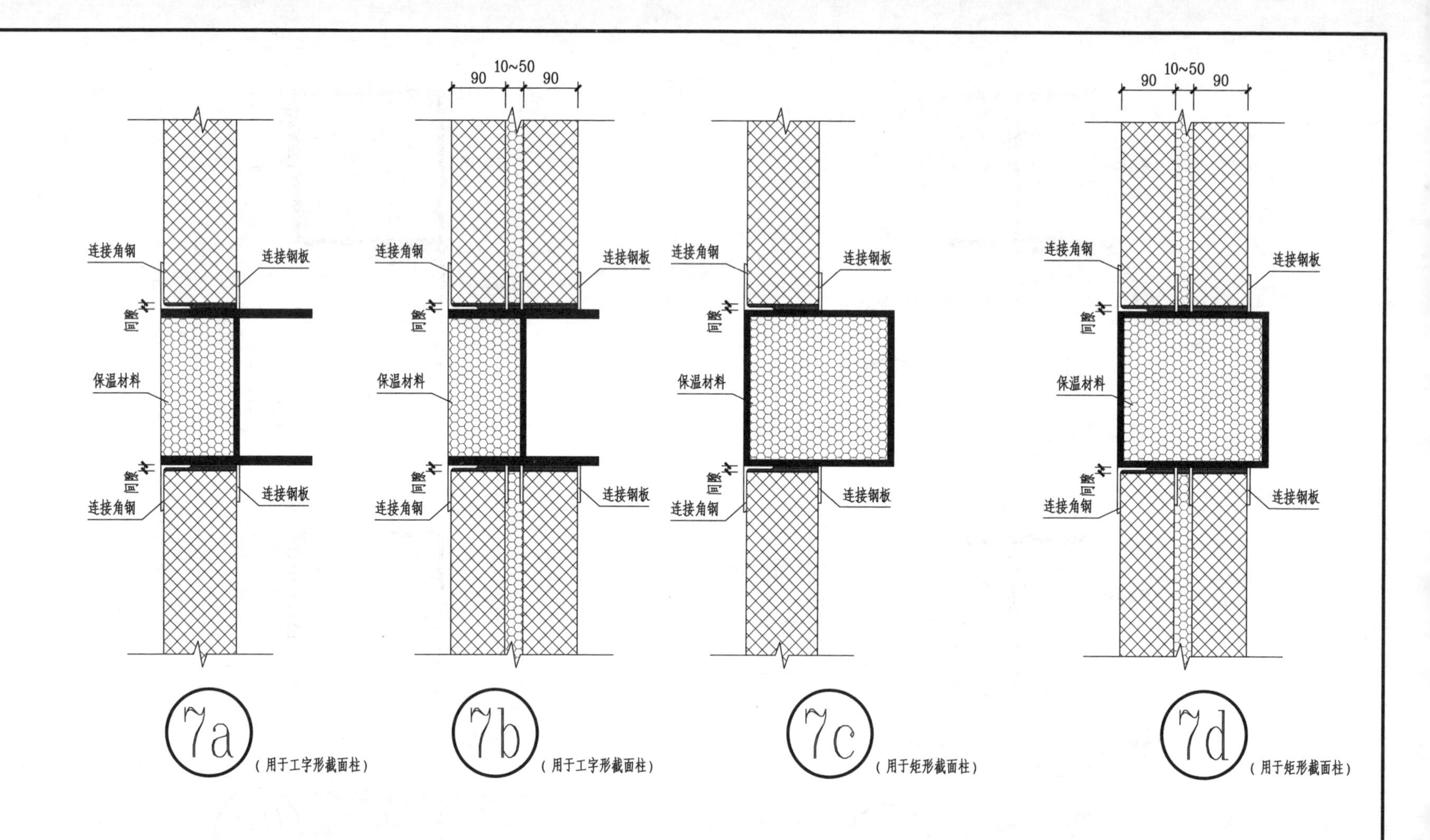

注：连接钢板与原钢结构间均采用单面角焊缝连接，焊缝总长度不小于80 mm；
连接角钢与原钢结构间均采用围焊连接。焊脚尺寸为4 mm。

钢结构房屋外墙节点连接大样（墙体嵌入式）								图集号	川2018G129-TJ
审核	肖承波	（签名）	校对	黎 力	（签名）	设计	甘立刚	（签名）	页	18

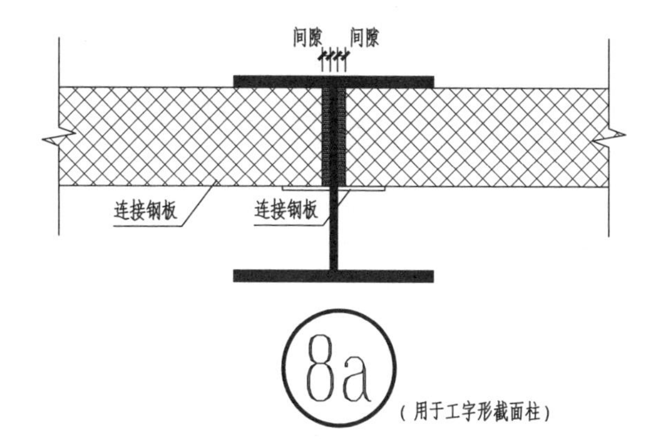

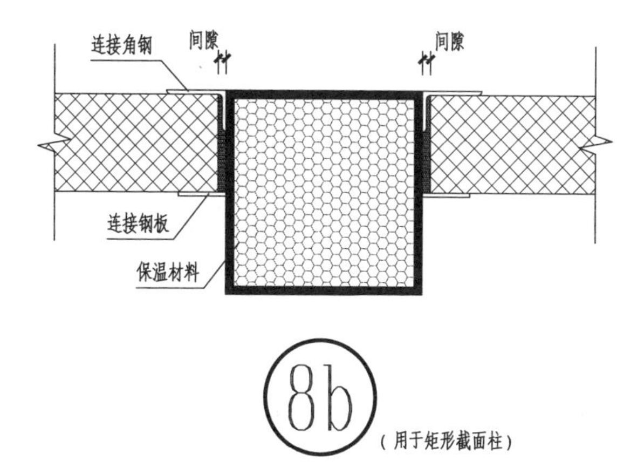

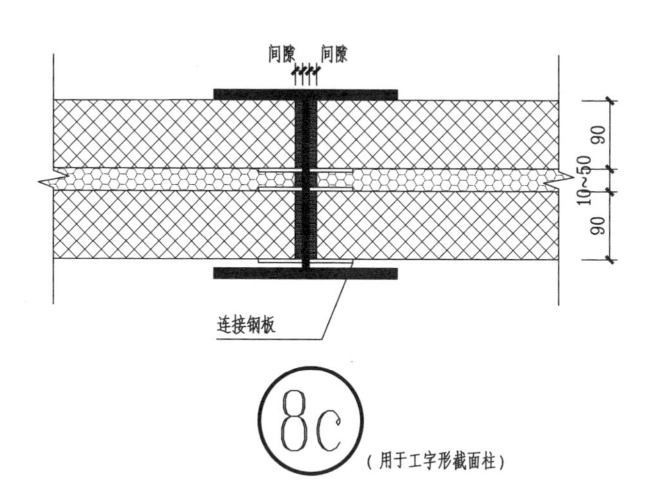

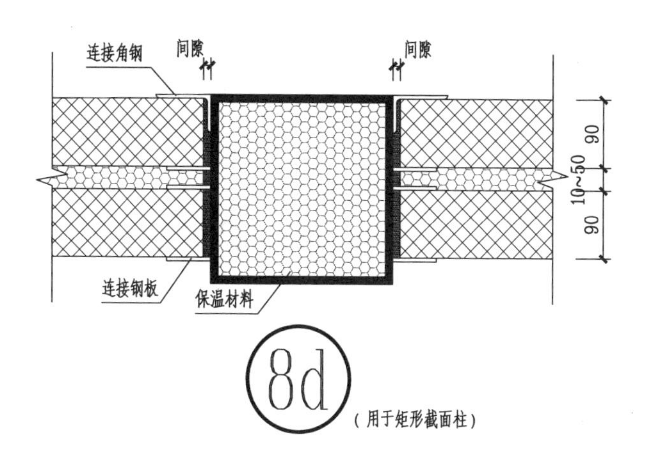

注：连接钢板与原钢结构间均采用单面角焊缝连接，焊缝总长度不小于80 mm；
连接角钢与原钢结构间均采用围焊连接。焊脚尺寸为4 mm。

钢结构房屋外墙节点连接大样（墙体嵌入式）								图集号	川2018G129-TJ
审核	肖承波	[signature]	校对	黎 力	[signature]	设计	甘立刚	[signature] 页	19

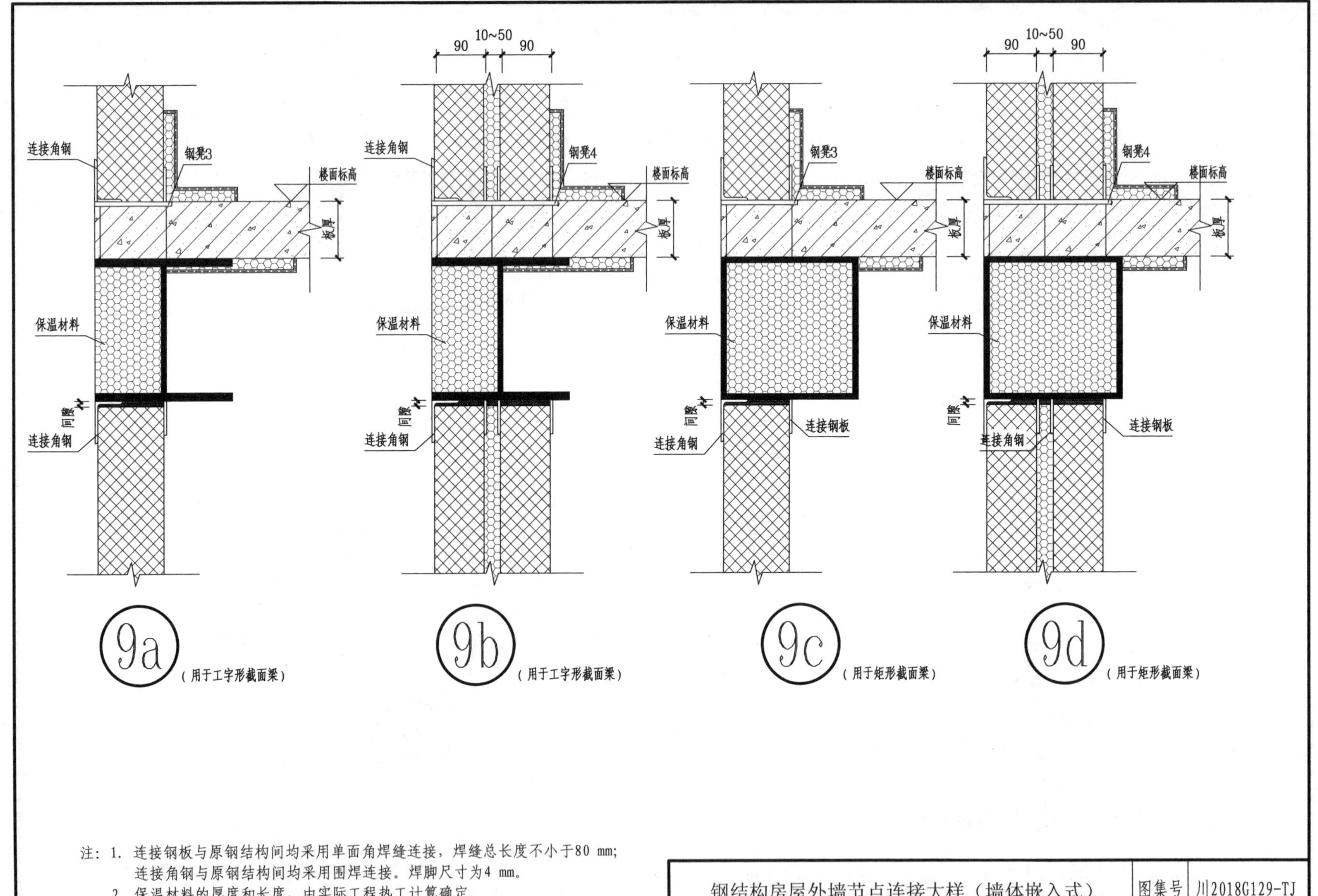

注：1. 连接钢板与原钢结构间均采用单面角焊缝连接，焊缝总长度不小于80 mm；
连接角钢与原钢结构间均采用围焊连接。焊脚尺寸为4 mm。
2. 保温材料的厚度和长度，由实际工程热工计算确定。
3. 钢凳3、钢凳4大样图详见本图集第27页。

钢结构房屋外墙节点连接大样（墙体嵌入式）								图集号	川2018G129-TJ
审核	肖承波	[signature]	校对	黎 力	[signature]	设计	甘立刚 [signature]	页	20

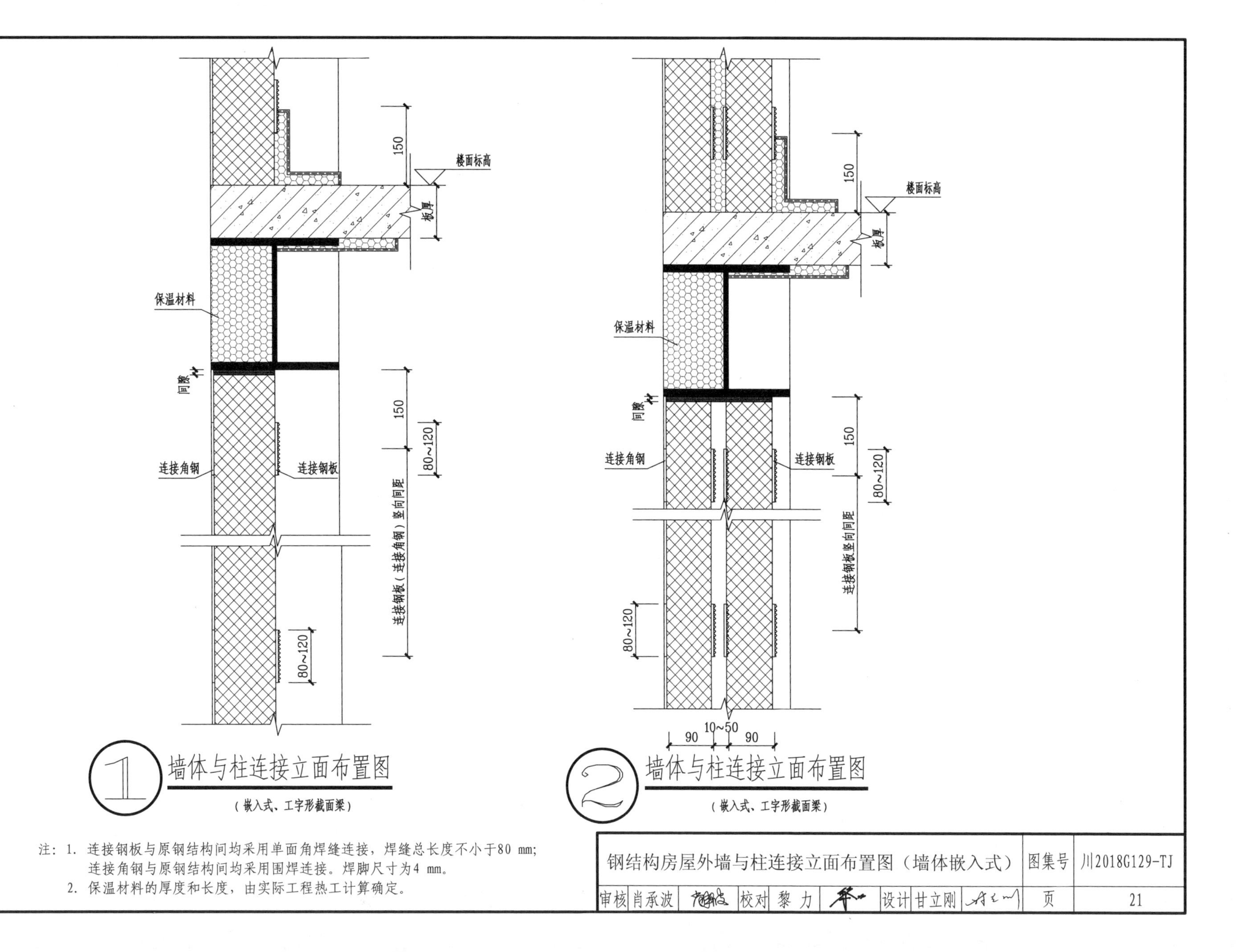

注：1. 连接钢板与原钢结构间均采用单面角焊缝连接，焊缝总长度不小于80 mm；
连接角钢与原钢结构间均采用围焊连接。焊脚尺寸为4 mm。
2. 保温材料的厚度和长度，由实际工程热工计算确定。

钢结构房屋外墙与柱连接立面布置图（墙体嵌入式）							图集号	川2018G129-TJ
审核	肖承波		校对	黎 力		设计	甘立刚	页	21

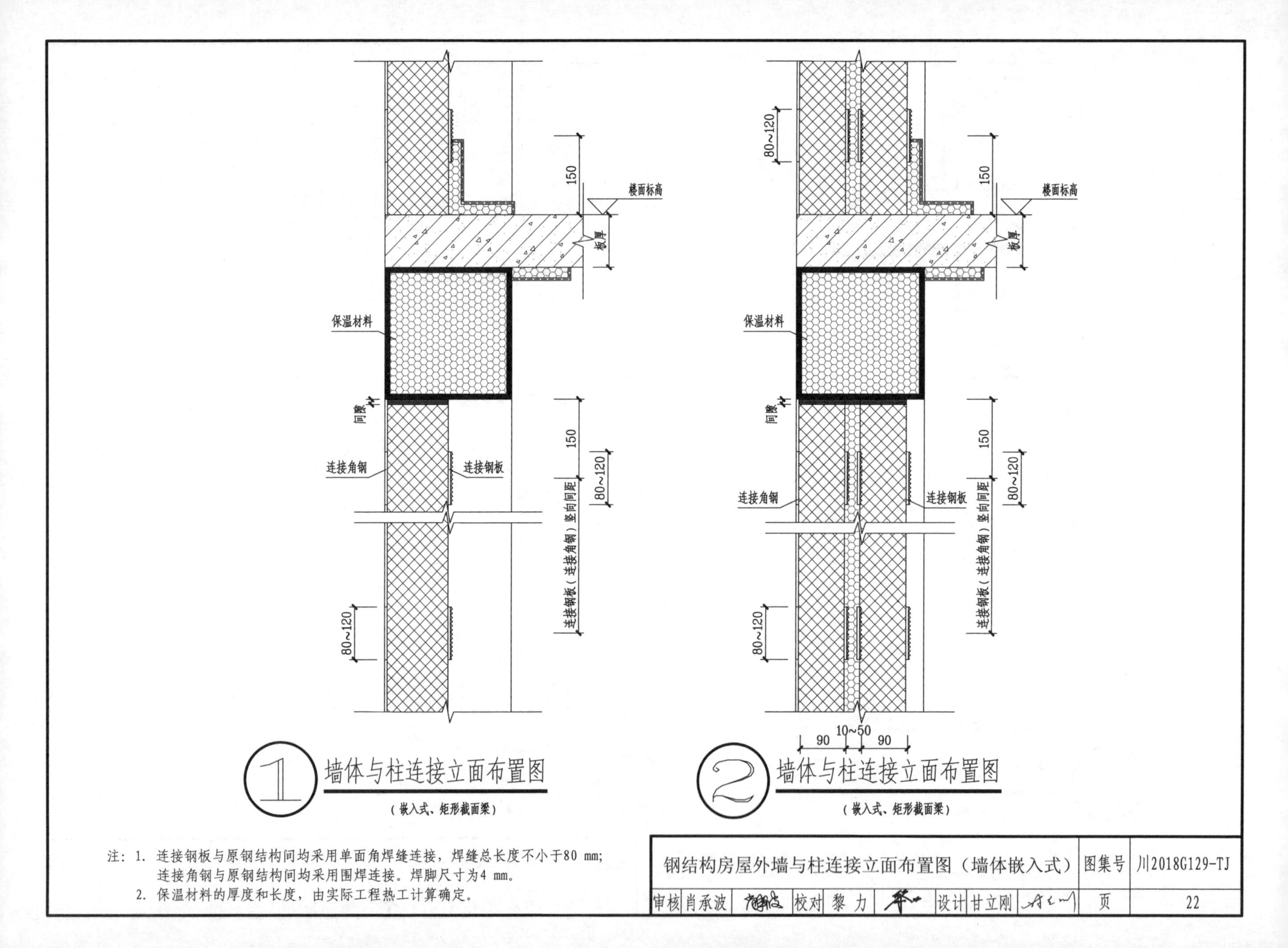

注：1. 连接钢板与原钢结构间均采用单面角焊缝连接，焊缝总长度不小于80 mm；连接角钢与原钢结构间均采用围焊连接。焊脚尺寸为4 mm。
2. 保温材料的厚度和长度，由实际工程热工计算确定。

钢结构房屋外墙与柱连接立面布置图（墙体嵌入式）						图集号	川2018G129-TJ
审核	肖承波	校对	黎 力	设计	甘立刚	页	22

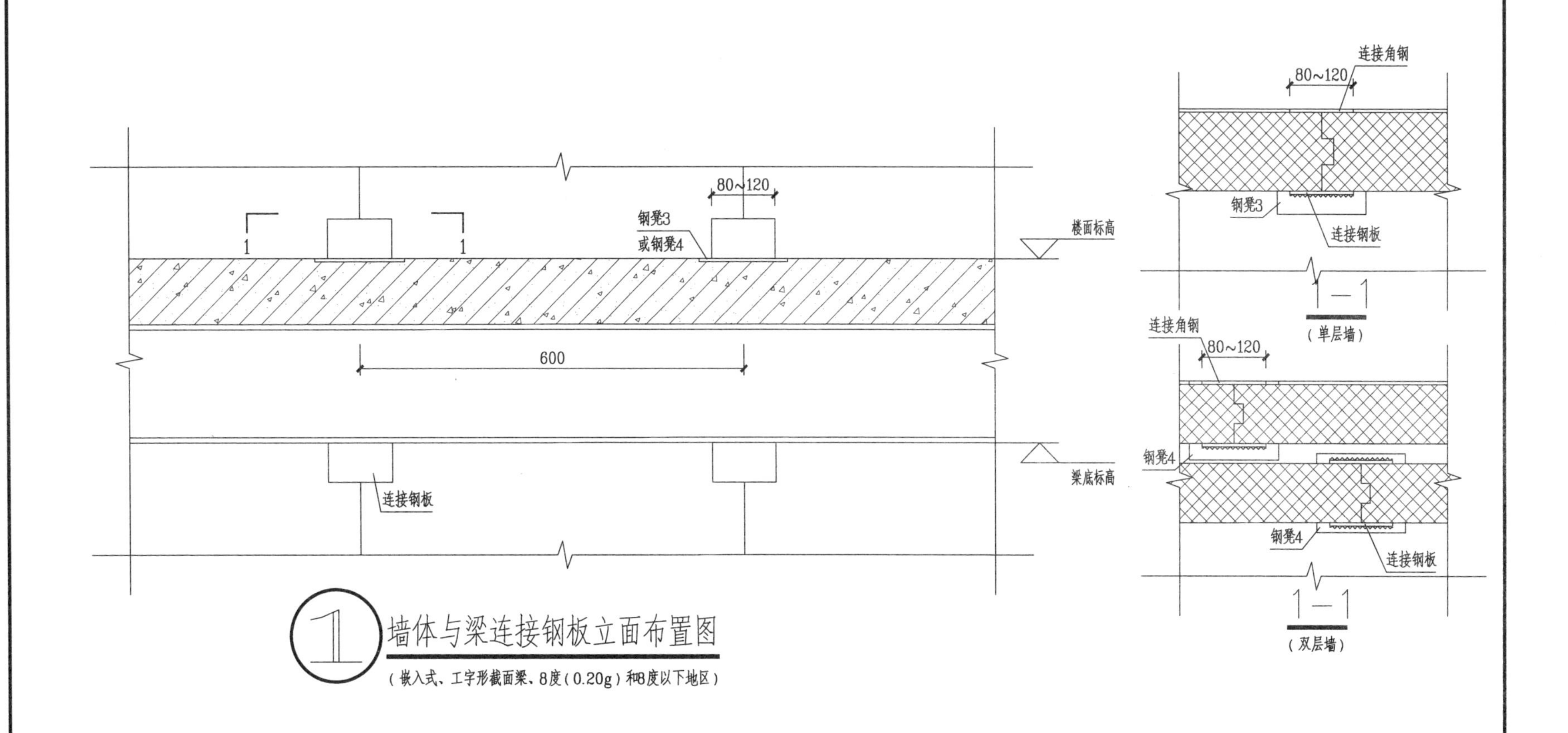

墙体与梁连接钢板立面布置图

(嵌入式、工字形截面梁、8度(0.20g)和8度以下地区)

注：1. 连接钢板与原钢结构、钢凳间均采用单面角焊缝连接，焊缝总长度不小于80 mm;
连接角钢与原钢结构、钢凳间均采用围焊连接。焊脚尺寸为4 mm。
2. 钢凳3、钢凳4的详图见本图集第26页。

钢结构房屋外墙与梁连接立面布置图（墙体嵌入式）								图集号	川2018G129-TJ
审核	肖承波		校对	黎 力		设计	甘立刚	页	23

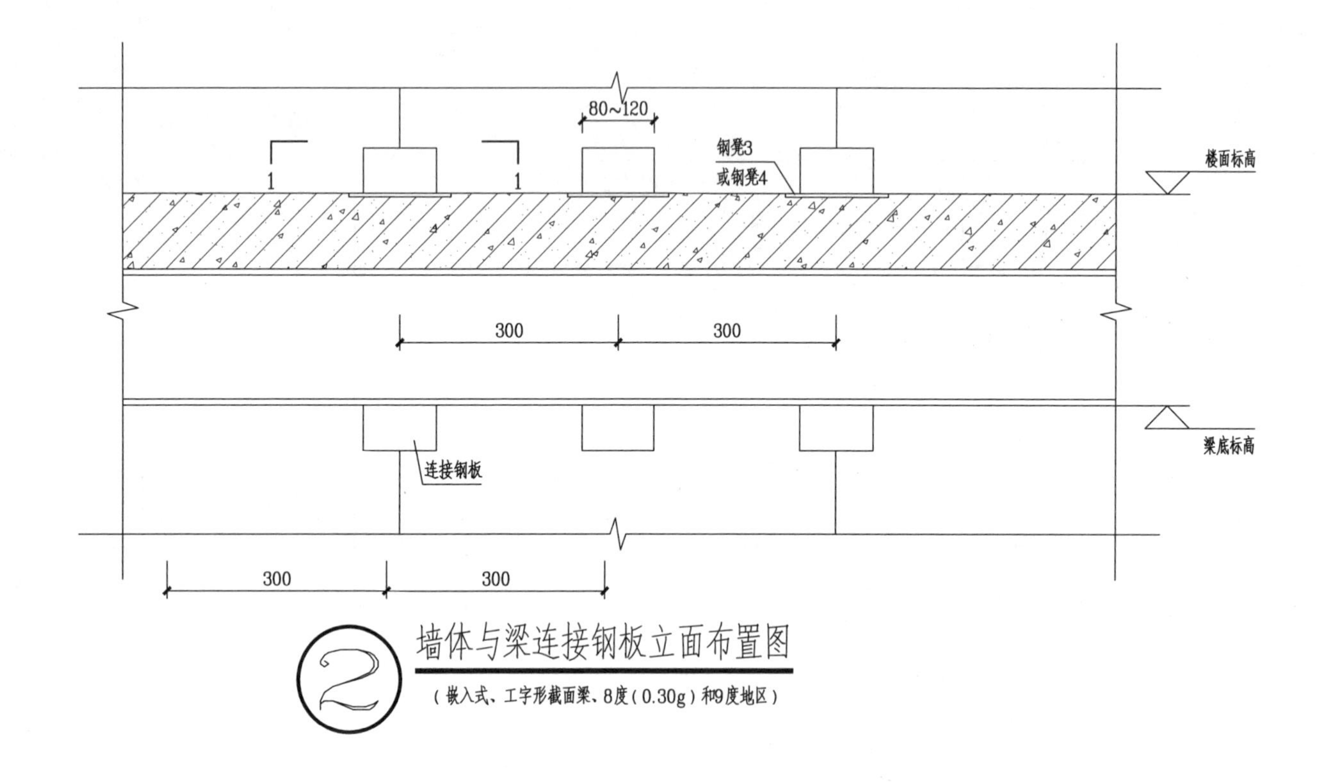

墙体与梁连接钢板立面布置图

（嵌入式、工字形截面梁、8度（0.30g）和9度地区）

注：1. 1—1剖面详本图集第23页。

2. 连接钢板与原钢结构、钢凳间均采用单面角焊缝连接，焊缝总长度不小于80 mm;
连接角钢与原钢结构、钢凳间均采用围焊连接。焊脚尺寸为4 mm。

3. 钢凳3、钢凳4的详图见本图集第26页。

钢结构房屋外墙与梁连接立面布置图（墙体嵌入式）								图集号	川2018G129-TJ
审核	肖承波	[签名]	校对	黎 力	[签名]	设计	甘立刚	[签名] 页	24

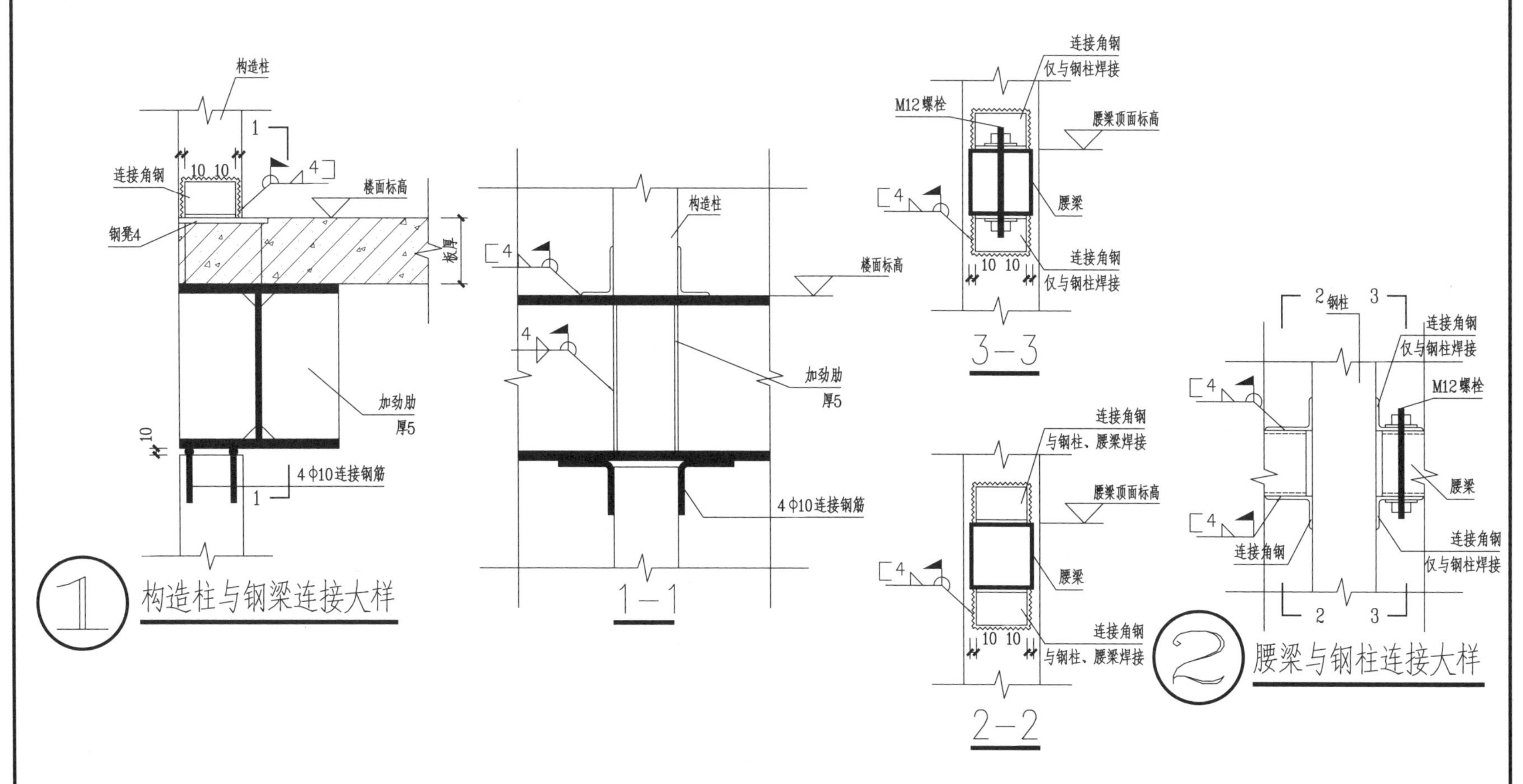

注：1. 连接角钢、构造柱、腰梁规格按本图集第5页表格选用。
2. 构造柱底部采用连接角钢与主体结构钢梁焊接（刚接）、顶部采用连接钢筋与主体结构钢梁焊接（铰接）。
3. 腰梁一端采用连接角钢与主体结构钢柱（或构造柱）焊接（刚接）、另一端采用螺栓和连接角钢与主体结构钢柱（或构造柱）连接（铰接）。
4. 连接钢筋与主体结构钢梁和构造柱单面焊接连接，焊缝长度为120 mm、焊缝厚度为6 mm。

钢结构房屋外墙构造柱、腰梁连接大样						图集号	川2018G129-TJ
审核 肖承波		校对 黎 力		设计 甘立刚		页	25

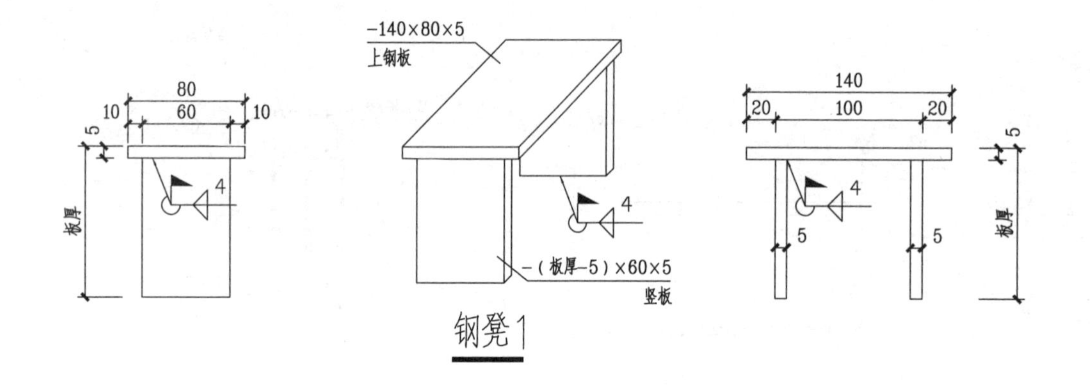

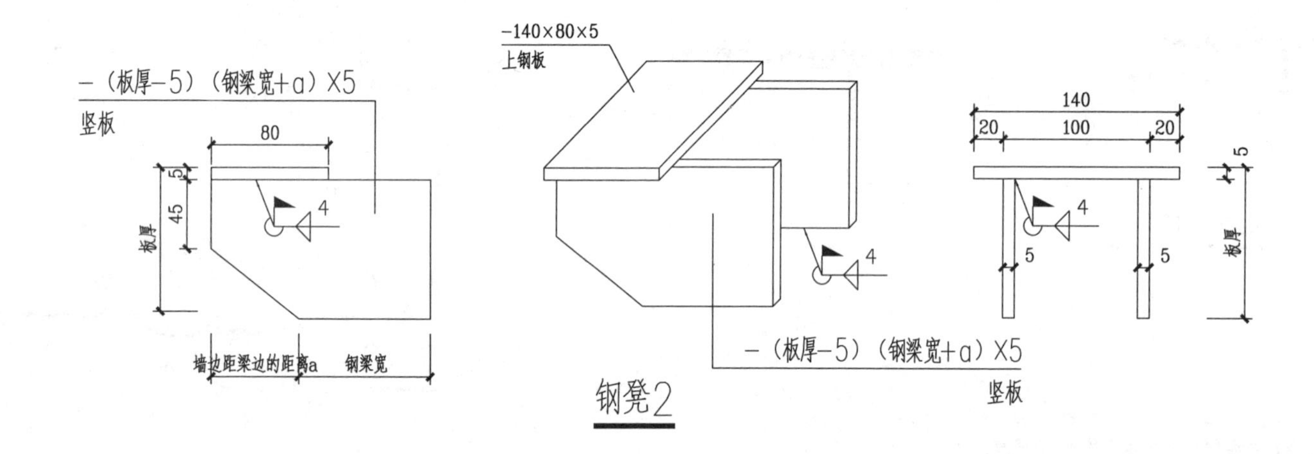

注：竖板顶部与上钢板间、竖板底部与结构钢梁间均采用双面角焊缝满焊连接。
焊脚尺寸为4 mm。

钢结构房屋外墙与梁连接钢凳大样（墙体外挂式）								图集号	川2018G129-TJ
审核	肖承波		校对	黎 力		设计	甘立刚	页	26

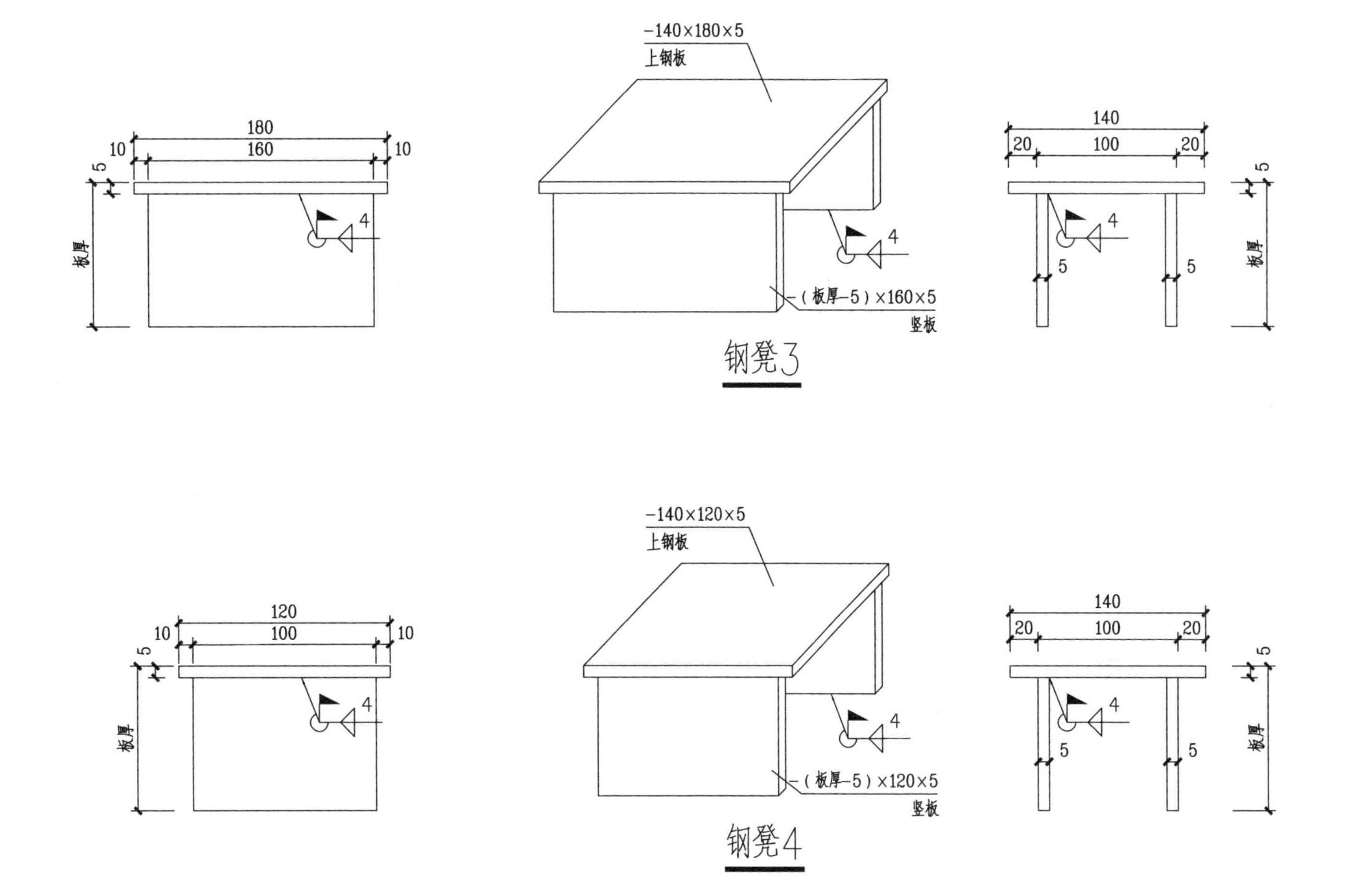

注：竖板顶部与上钢板间、竖板底部与结构钢梁间均采用双面角焊缝满焊连接。
焊脚尺寸为4 mm。

钢结构房屋外墙与梁连接钢凳大样（墙体嵌入式）								图集号	川2018G129-TJ
审核	肖承波		校对	黎 力		设计	甘立刚	页	27

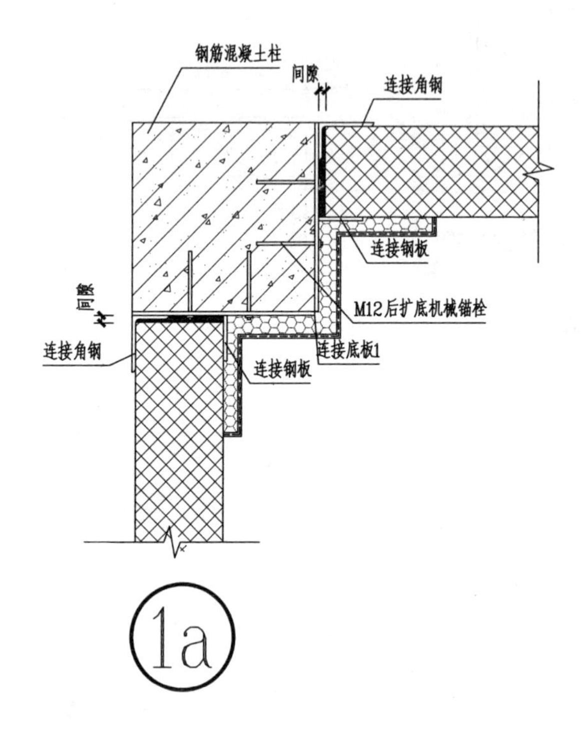

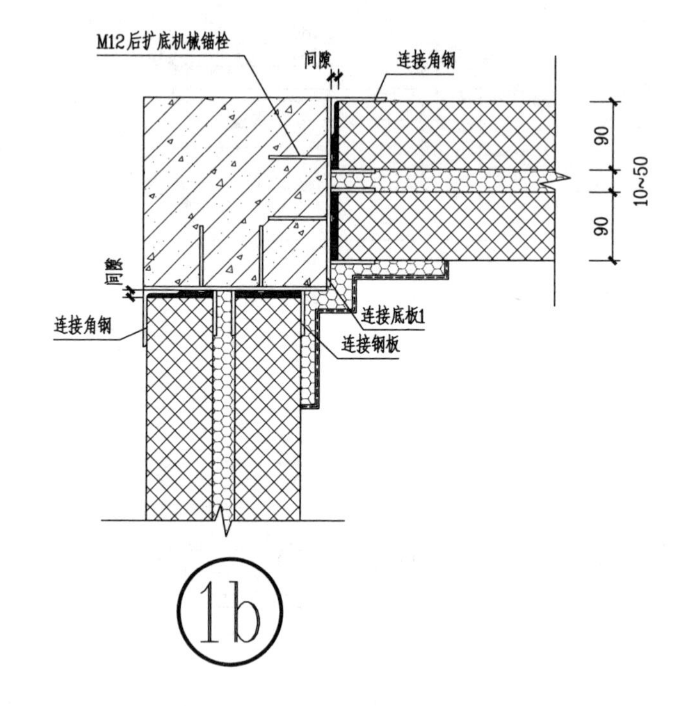

注：1. 锚栓有效埋置深度不小于80 mm，锚栓间距、边距均应不小于80 mm。
2. 连接钢板与连接底板间均采用单面角焊缝连接，焊缝总长度不小于80 mm；连接角钢与连接底板间均采用围焊连接。焊脚尺寸为4 mm。
3. 保温材料的厚度和长度，由实际工程热工计算确定。
4. 大样中连接底板采用后锚固与主体结构连接，也可采用预埋件与主体结构连接，预埋件大样详本图集第36页；后锚固连接仅适用于8度及以下地区，9度区须采用预埋件连接。

钢筋混凝土结构房屋外墙节点连接大样						图集号	川2018G129-TJ
审核	肖承波	校对	黎 力	设计	甘立刚	页	28

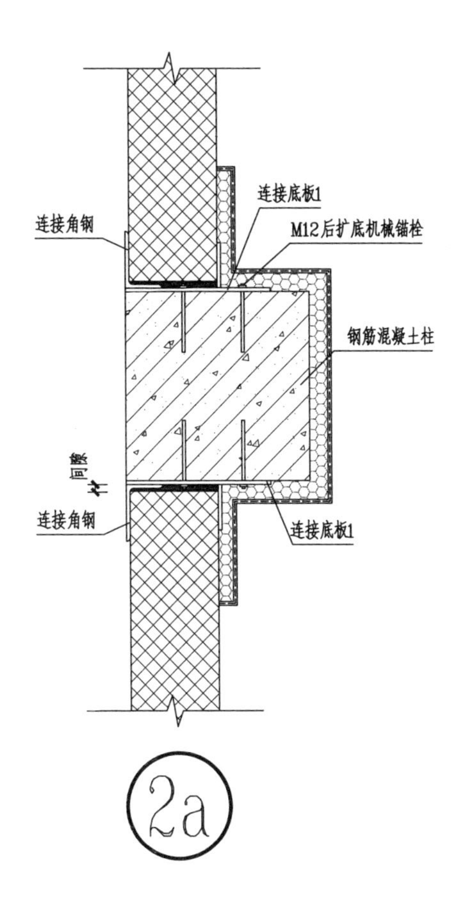

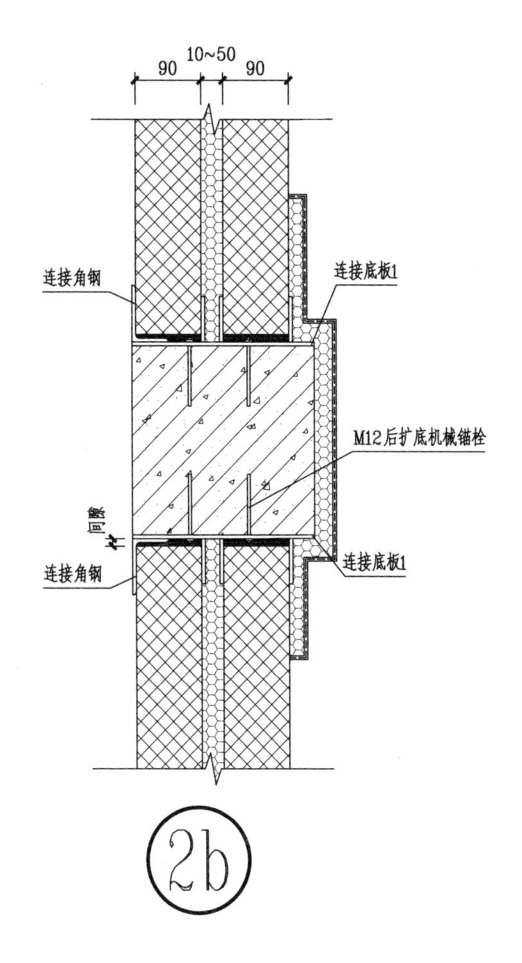

注：1. 锚栓有效埋置深度不小于80 mm，锚栓间距、边距均应不小于80 mm。

2. 连接钢板与连接底板间均采用单面角焊缝连接，焊缝总长度不小于80 mm；连接角钢与连接底板间均采用围焊连接。焊脚尺寸为4 mm。

3. 保温材料的厚度和长度，由实际工程热工计算确定。

4. 大样中连接底板采用后锚固与主体结构连接，也可采用预埋件与主体结构连接，预埋件大样详本图集第36页；后锚固连接仅适用于8度及以下地区，9度区须采用预埋件连接。

钢筋混凝土结构房屋外墙节点连接大样								图集号	川2018G129-TJ
审核	肖承波	[signature]	校对	黎 力	[signature]	设计	甘立刚	页	29

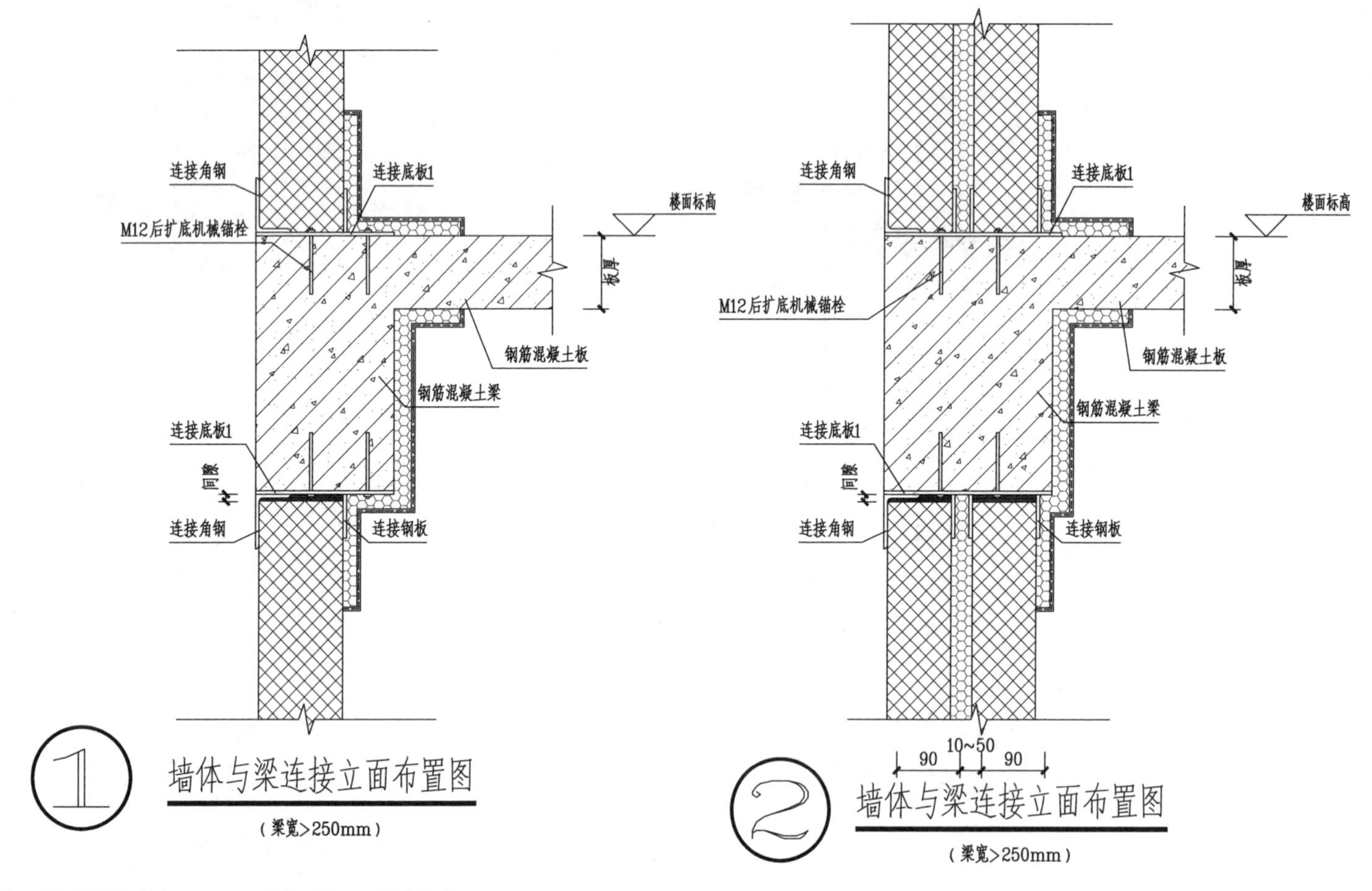

注：1. 锚栓有效埋置深度不小于80 mm，锚栓间距、边距均应不小于80 mm。

2. 连接钢板与连接底板间均采用单面角焊缝连接，焊缝总长度不小于80 mm；连接角钢与连接底板间均采用围焊连接。焊脚尺寸为4 mm。

3. 保温材料的厚度和长度，由实际工程热工计算确定。

4. 大样中连接底板采用后锚固与主体结构连接，也可采用预埋件与主体结构连接，预埋件大样详本图集第36页；后锚固连接仅适用于8度及以下地区，9度区须采用预埋件连接。

钢筋混凝土结构房屋外墙节点连接大样								图集号	川2018G129-TJ
审核	肖承波	[signature]	校对	黎 力	[signature]	设计	甘立刚	页	30

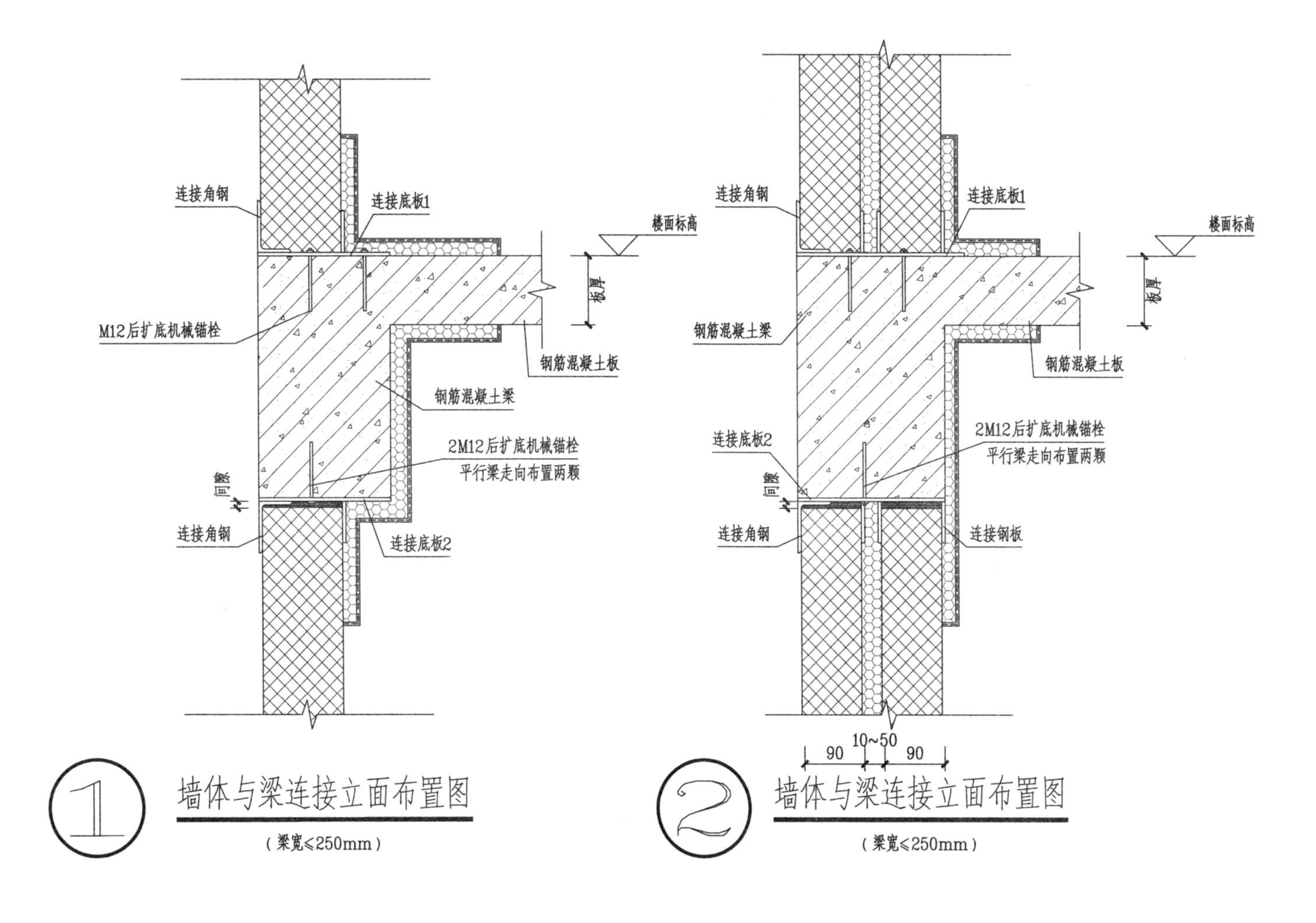

① 墙体与梁连接立面布置图

（梁宽≤250mm）

② 墙体与梁连接立面布置图

（梁宽≤250mm）

注：1. 锚栓有效埋置深度不小于80 mm，锚栓间距、边距均应不小于80 mm。
2. 连接钢板与连接底板间均采用单面角焊缝连接，焊缝总长度不小于80 mm；连接角钢与连接底板间均采用围焊连接。焊脚尺寸为4 mm。
3. 保温材料的厚度和长度，由实际工程热工计算确定。
4. 大样中连接底板采用后锚固与主体结构连接，也可采用预埋件与主体结构连接，预埋件大样详本图集第36页；后锚固连接仅适用于8度及以下地区，9度区须采用预埋件连接。

钢筋混凝土结构房屋外墙节点连接大样								图集号	川2018G129-TJ
审核	肖承波	[signature]	校对	黎 力	[signature]	设计	甘立刚	页	31

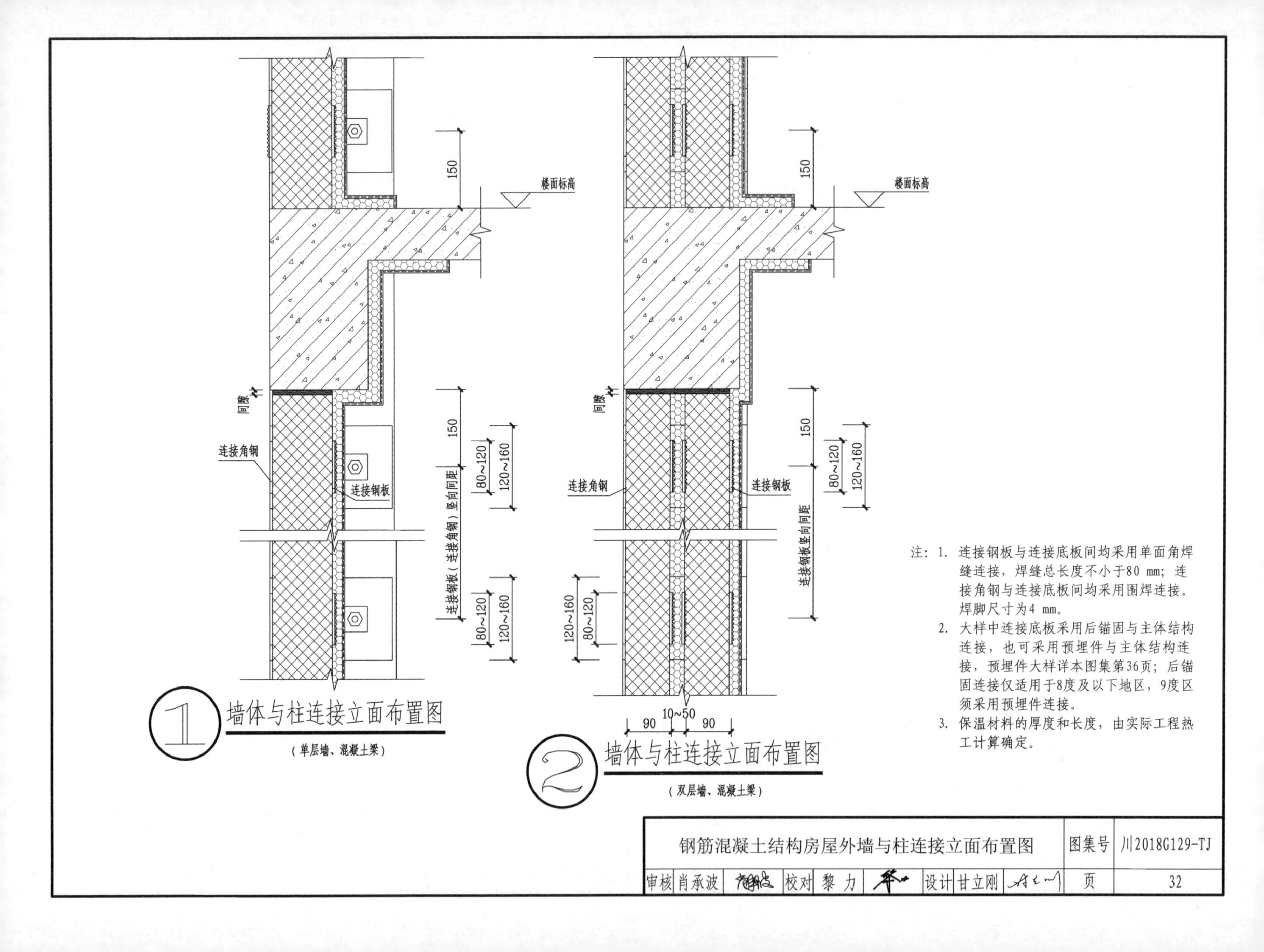

150
楼面标高
间隙
连接角钢
连接钢板
150
80~120
120~160
连接钢板（连接角钢）竖向间距
80~120
120~160
墙体与柱连接立面布置图
（单层墙、混凝土梁）
150
楼面标高
间隙
连接角钢
连接钢板
150
80~120
120~160
连接钢板竖向间距
120~160
80~120
10~50
90
90
墙体与柱连接立面布置图
（双层墙、混凝土梁）
注：1. 连接钢板与连接底板间均采用单面角焊缝连接，焊缝总长度不小于80 mm；连接角钢与连接底板间均采用围焊连接。焊脚尺寸为4 mm。
2. 大样中连接底板采用后锚固与主体结构连接，也可采用预埋件与主体结构连接，预埋件大样详本图集第36页；后锚固连接仅适用于8度及以下地区，9度区须采用预埋件连接。
3. 保温材料的厚度和长度，由实际工程热工计算确定。
钢筋混凝土结构房屋外墙与柱连接立面布置图
图集号
川2018G129-TJ
审核
肖承波
校对
黎 力
设计
甘立刚
页
32

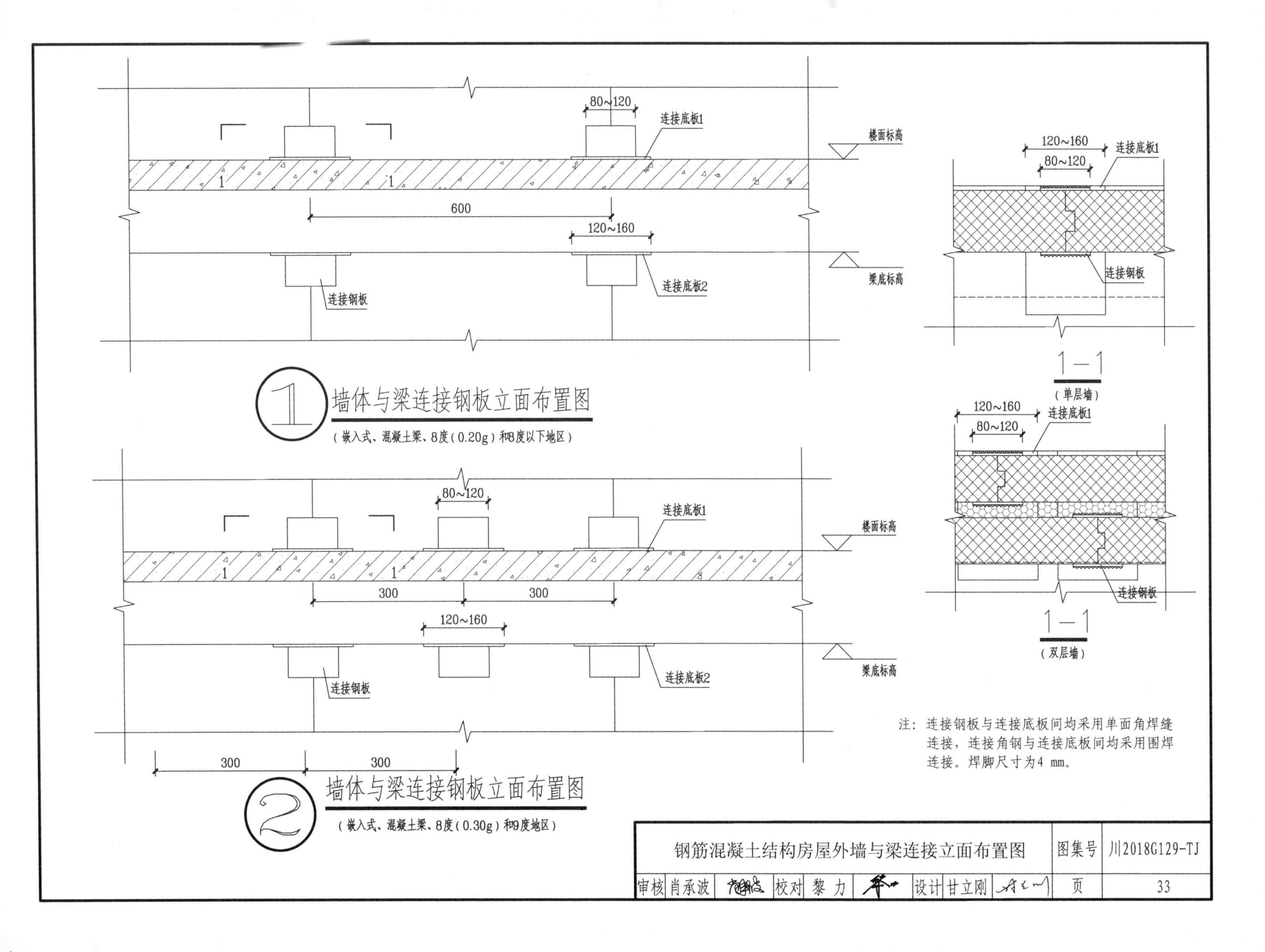

注：连接钢板与连接底板间均采用单面角焊缝连接，连接角钢与连接底板间均采用围焊连接。焊脚尺寸为4 mm。

钢筋混凝土结构房屋外墙与梁连接立面布置图								图集号	川2018G129-TJ
审核	肖承波		校对	黎 力		设计	甘立刚	页	33

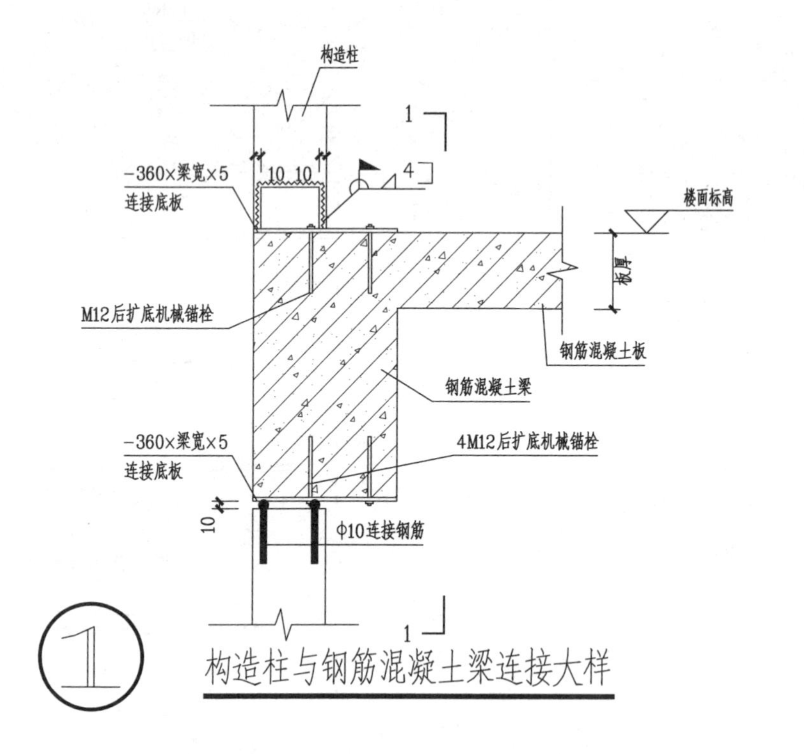

① 构造柱与钢筋混凝土梁连接大样

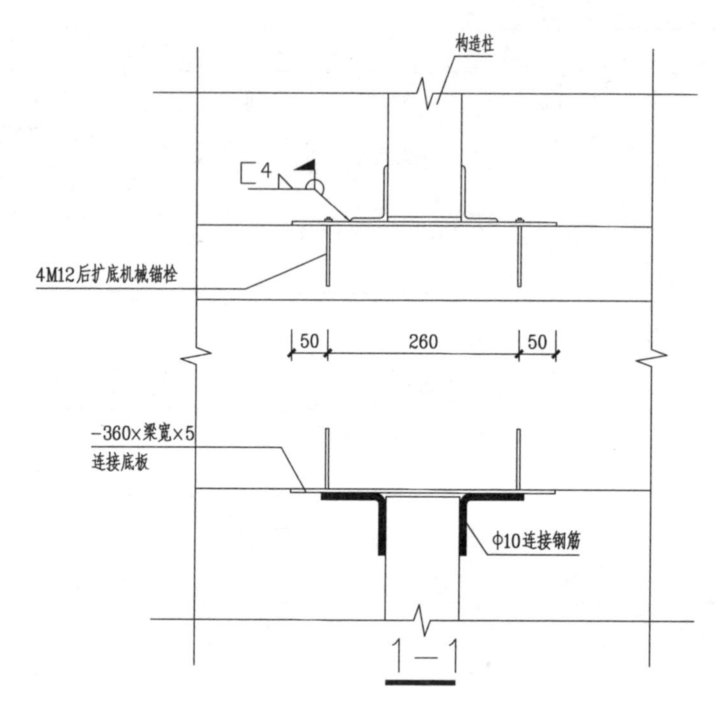

1—1

注：1. 连接角钢、构造柱规格按本图集第5页表格选用。
2. 构造柱底部采用连接角钢与连接底板焊接（刚接）、顶部采用连接钢筋与连接底板焊接（铰接）。
3. 锚栓有效埋置深度不小于60 mm，锚栓间距、边距均应不小于80 mm。
4. 连接角钢与连接底板间均采用围焊连接。焊脚尺寸为4 mm。连接钢筋与连接底板和构造柱单面焊接连接，焊缝长度为120 mm、焊缝厚度为6 mm。
5. 大样中连接底板采用后锚固与主体结构连接，也可采用预埋件与主体结构连接，预埋件大样详本图集第36页；后锚固连接仅适用于8度及以下地区，9度区须采用预埋件连接。

钢筋混凝土结构房屋外墙构造柱与梁连接大样							图集号	川2018G129-TJ
审核	肖承波	[signature]	校对	黎 力	[signature]	设计 甘立刚 [signature]	页	34

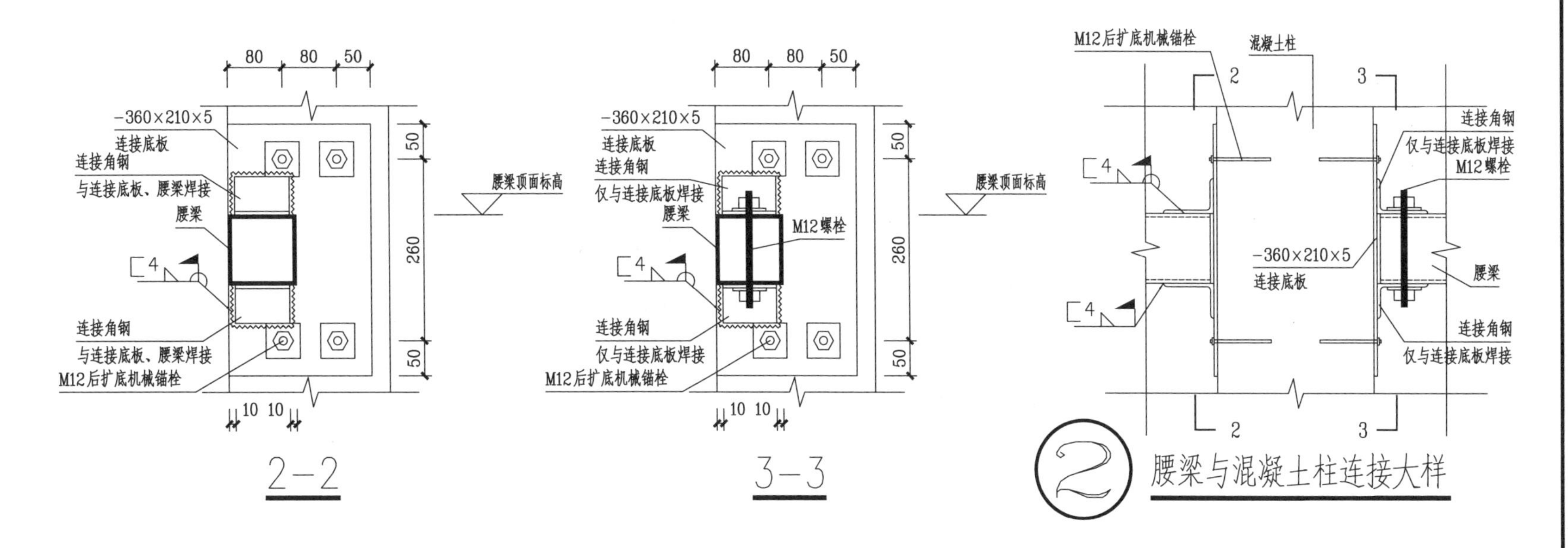

② 腰梁与混凝土柱连接大样

注：1. 连接角钢、腰梁规格按本图集第5页表格选用。

2. 腰梁一端采用连接角钢与连接底板（或构造柱）焊接（刚接）、另一端采用螺栓和连接角钢与连接底板（或构造柱）连接（铰接）。
3. 锚栓有效埋置深度不小于60 mm，锚栓间距、边距均应不小于80 mm。
4. 连接角钢与连接底板间均采用围焊连接。焊脚尺寸为4 mm。
5. 大样中连接底板采用后锚固与主体结构连接，也可采用预埋件与主体结构连接，预埋件大样详本图集第36页；后锚固连接仅适用于8度及以下地区，9度区须采用预埋件连接。

钢筋混凝土结构房屋外墙腰梁与柱连接大样								图集号	川2018G129-TJ
审核	肖承波	[签名]	校对	黎 力	[签名]	设计	甘立刚	[签名] 页	35

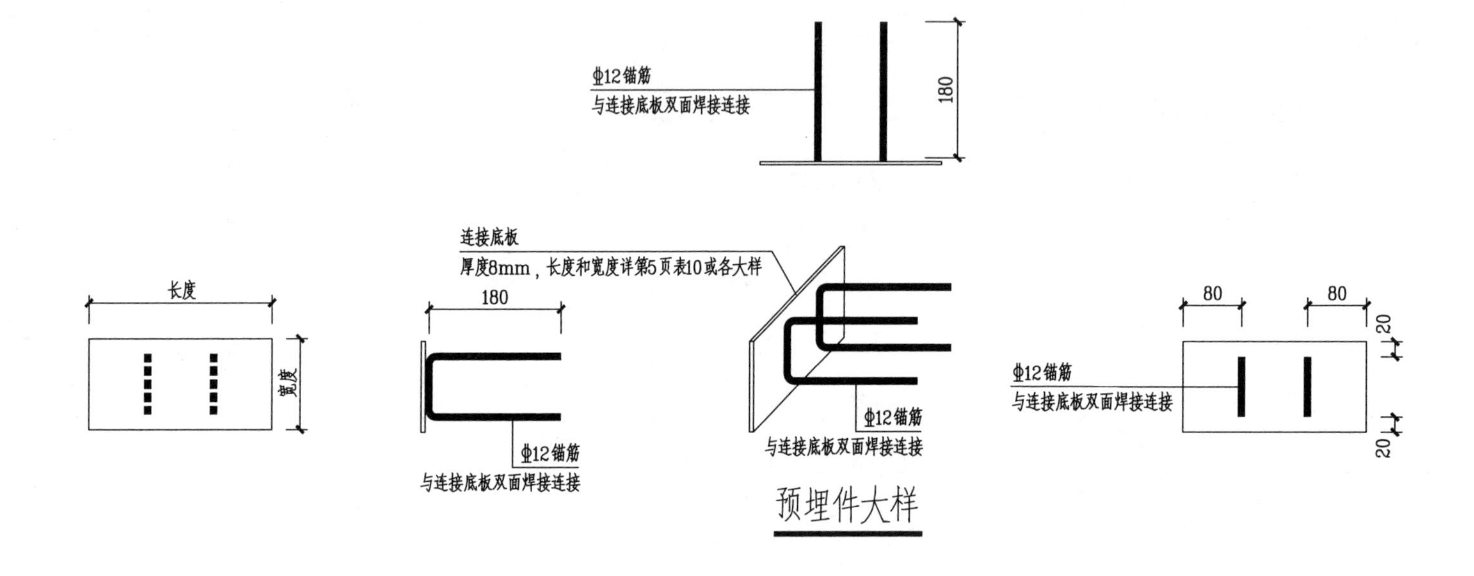

预埋件大样

注：1. 连接底板厚度为8 mm，长度或宽度尺寸按本图集第5页表10选用或详各大样。
2. 锚筋与连接底板间采用双面焊接连接，焊缝厚度为6 mm。

钢筋混凝土结构预埋件大样								图集号	川2018G129-TJ
审核	肖承波	[signature]	校对	黎 力	[signature]	设计	甘立刚	[signature]	页	36

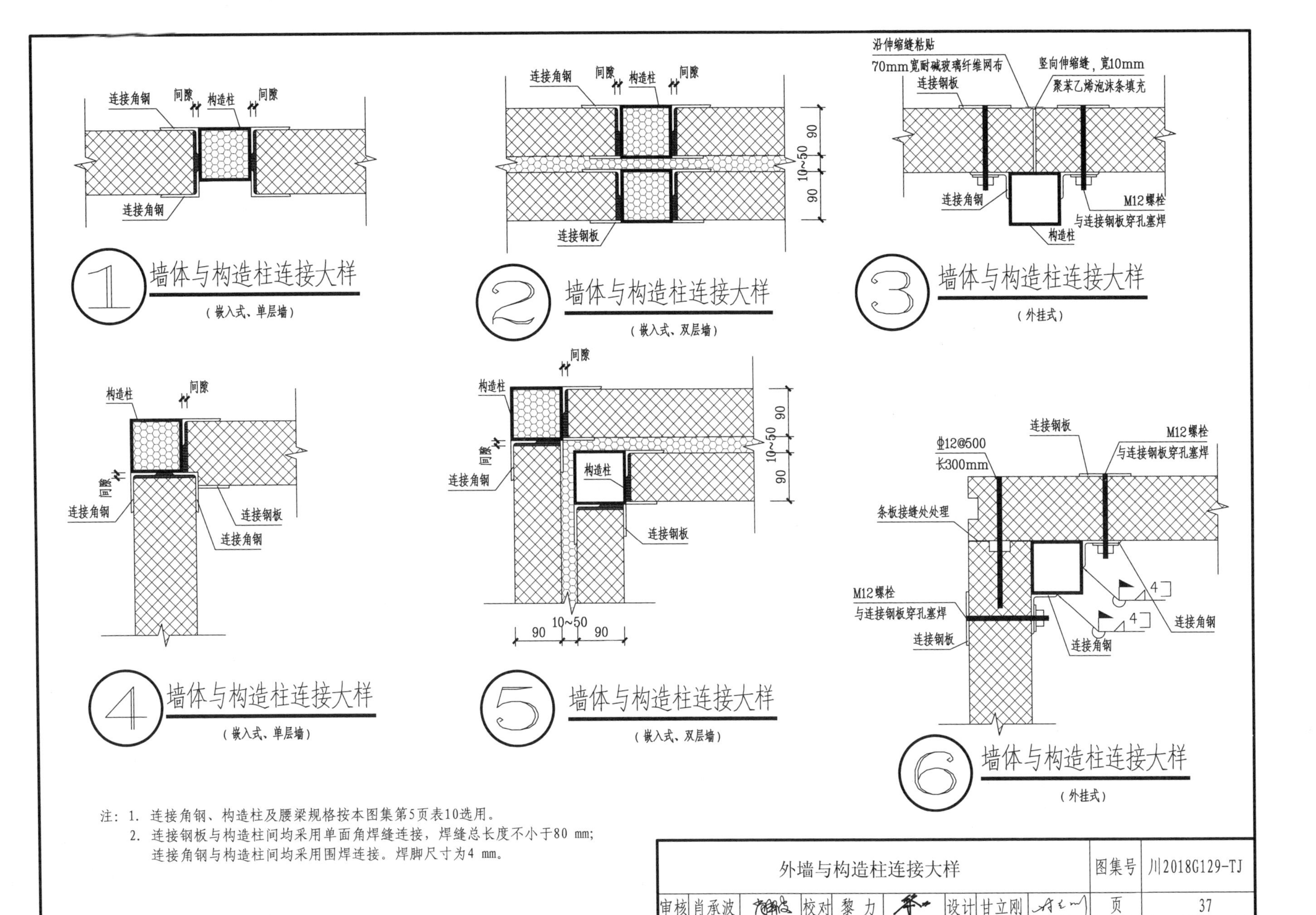
连接角钢
间隙
构造柱
间隙
连接角钢
1 墙体与构造柱连接大样
（嵌入式、单层墙）
连接角钢
间隙
构造柱
间隙
90
10~50
90
连接钢板
2 墙体与构造柱连接大样
（嵌入式、双层墙）
沿伸缩缝粘贴
70mm宽耐碱玻璃纤维网布
竖向伸缩缝，宽10mm
聚苯乙烯泡沫条填充
连接钢板
连接角钢
M12螺栓
与连接钢板穿孔塞焊
构造柱
3 墙体与构造柱连接大样
（外挂式）
构造柱
间隙
间隙
连接角钢
连接钢板
连接角钢
4 墙体与构造柱连接大样
（嵌入式、单层墙）
间隙
构造柱
间隙
连接角钢
构造柱
连接钢板
90
10~50
90
90
10~50
90
5 墙体与构造柱连接大样
（嵌入式、双层墙）
连接钢板
M12螺栓
与连接钢板穿孔塞焊
ф12@500
长300mm
条板接缝处处理
4
4
M12螺栓
与连接钢板穿孔塞焊
连接角钢
连接钢板
连接角钢
6 墙体与构造柱连接大样
（外挂式）
注：1. 连接角钢、构造柱及腰梁规格按本图集第5页表10选用。
2. 连接钢板与构造柱间均采用单面角焊缝连接，焊缝总长度不小于80 mm;
连接角钢与构造柱间均采用围焊连接。焊脚尺寸为4 mm。
外墙与构造柱连接大样
图集号
川2018G129-TJ
审核 肖承波
校对 黎 力
设计 甘立刚
页
37

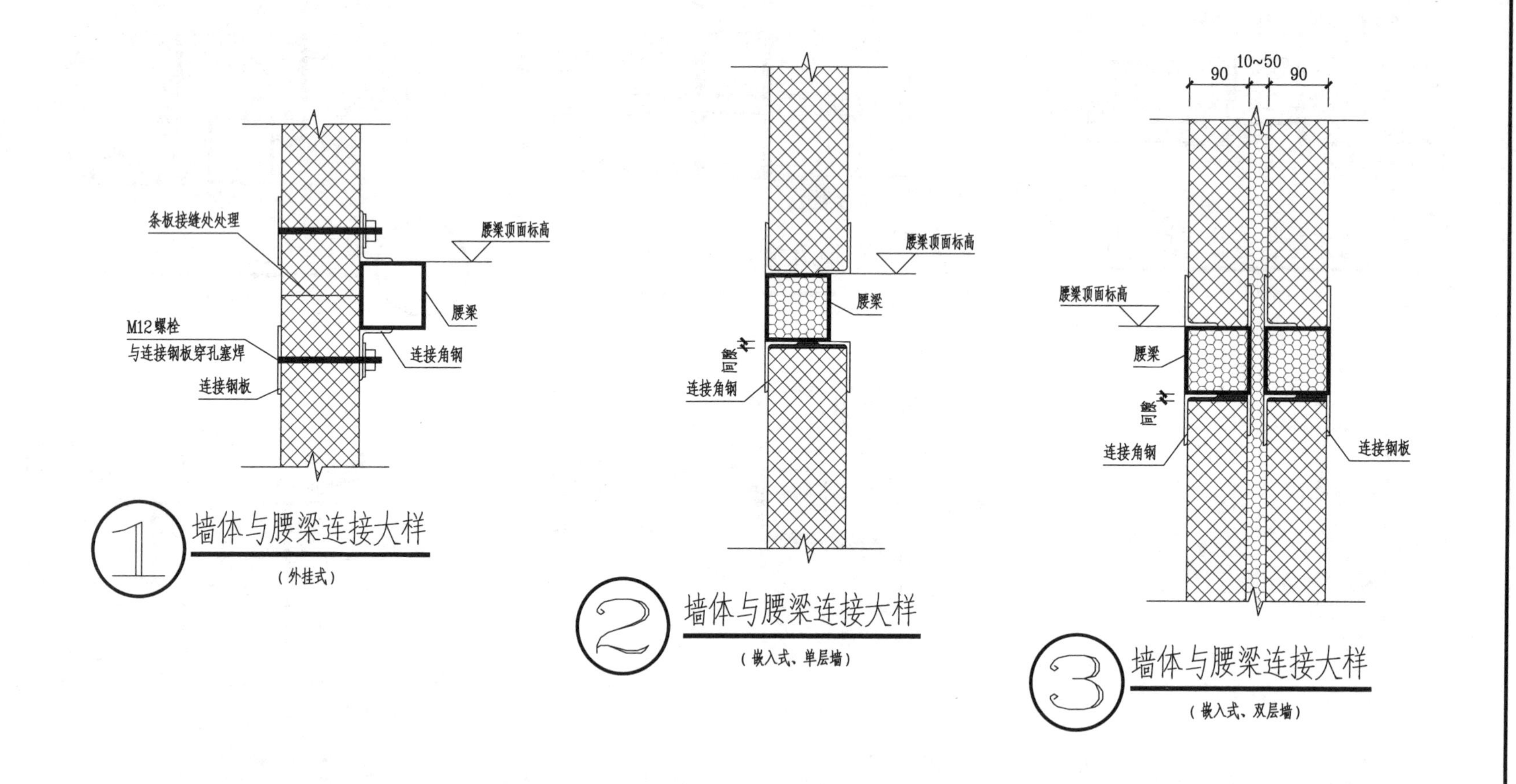

注：1. 连接角钢、构造柱及腰梁规格按本图集第5页表10选用。
2. 连接钢板与腰梁间均采用单面角焊缝连接，焊缝总长度不小于80 mm；连接角钢与腰梁间均采用围焊连接。焊脚尺寸为4 mm。

外墙与腰梁连接大样								图集号	川2018G129-TJ
审核	肖承波	[signature]	校对	黎 力	[signature]	设计	甘立刚 [signature]	页	38

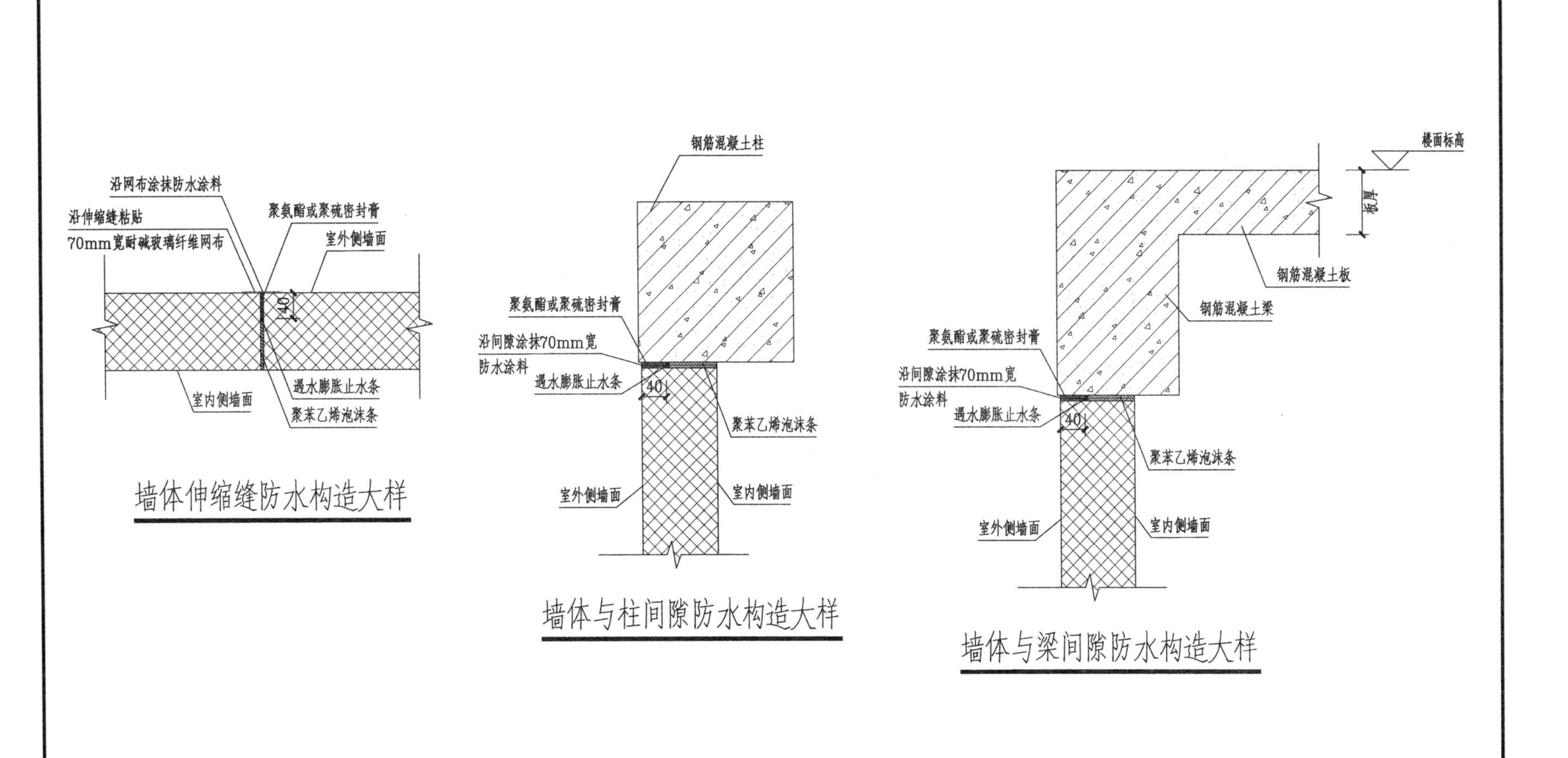

墙体伸缩缝防水构造大样

墙体与柱间隙防水构造大样

墙体与梁间隙防水构造大样

注：墙体与钢柱或钢梁间隙防水构造参照混凝土结构执行。

墙体缝隙防水构造大样								图集号	川2018G129-TJ
审核	肖承波	[signature]	校对	黎 力	[signature]	设计	甘立刚	页	39

四川鸥克建材科技有限公司

四川鸥克建材科技有限公司，是集科、工、产于一体，专业从事新型节能环保建筑墙体材料的研发和生产，轻质墙体材料设备的研发与生产，节能环保抗震集成房屋的研发、制造、施工的现代科技实体企业。公司共拥有5项国家发明专利，18项实用新型专利，13项外观设计专利，另有数项专利正在申报中。

2013年鸥克通过了ISO9001国际质量管理体系认证，被认定为“轻质墙体材料研发基地”。鸥克产品2014年成功入选《中国城市管理报告》一书、在“上海股权交易中心” 成功挂牌，股权代码：202498。鸥克产品“建筑隔墙用保温条板” 被四川省住房和城乡建设厅认定为“四川省建设领域科技成果”，被国家城乡建设部评定为“2014年全国建设行业科技成果推广项目”。公司于2016年成功与世界500强的军工央企——中船重工合作，联合研发的“轻质墙材自动化生产线”，一机多功能，在一条生产线上即能生产内隔墙板、屋面板、轻质楼板。 2016年12月8日公司被正式认定为“国家高新技术企业”。

公司采用自主研发的独特设备、独特配方、独特工艺，充分利用以工业剩余物、建筑垃圾废渣、水渣、矿渣、火山灰、粉煤灰、生活垃圾陶粒、废旧聚苯颗粒、秸秆、锯末等（其中的2~3种）为主要原材料配合普通硅酸盐水泥，生产各种环保节能、保温隔热隔音防火一体化的内外轻质墙板、楼板、屋面板、抗震自保温砌块、集成抗震房屋等系列产品。该系列产品具有明显市场同类产品的差异化、专利技术独有化，避开了现在所有墙体材料的缺点，集中了现在各种墙材的优点于一身，最终研发出这种具有21种功能的抗震墙体材料，具有无隔敲击声音、重量轻、吸水率低等特点。